劳动预备制教材
职业培训教材

中式面点（初级）

（第二版）

中国劳动社会保障出版社

图书在版编目(CIP)数据

中式面点：初级/于洁主编. —2版. —北京：中国劳动社会保障出版社，2009
ISBN 978 - 7 - 5045 - 7999 - 7

Ⅰ. 中… Ⅱ. 于… Ⅲ. 面点-制作-中国 Ⅳ. TS972.116

中国版本图书馆CIP数据核字(2009)第147248号

中国劳动社会保障出版社出版发行
(北京市惠新东街1号　邮政编码：100029)
出版人：张梦欣
*
北京市艺辉印刷有限公司印刷装订　新华书店经销
787毫米×1092毫米　16开本　5.25印张　123千字
2009年8月第2版　2023年3月第20次印刷
定价：10.00元

营销中心电话：400-606-6496
出版社网址：http://www.class.com.cn
http://jg.class.com.cn

版权专有　　侵权必究

如有印装差错，请与本社联系调换：(010) 81211666
我社将与版权执法机关配合，大力打击盗印、销售和使用盗版
图书活动，敬请广大读者协助举报，经查实将给予举报者奖励。
举报电话：(010) 64954652

前　言

《中华人民共和国就业促进法》规定："国家采取措施建立健全劳动预备制度，县级以上地方人民政府对有就业要求的初高中毕业生实行一定期限的职业教育和培训，使其取得相应的职业资格或者掌握一定的职业技能。"

为进一步加强劳动预备制培训教材建设，满足各地实施劳动预备制对教材的需求，我们会同中国劳动社会保障出版社，对2000年出版的机械、电工、电子、计算机、汽车维修、餐饮服务、商业服务、服装制作、建筑等类劳动预备制培训的专业课教材组织有关人员进行修订改版，并新编了美容保健、数控加工、会计文秘类的专业课教材。

在组织修订、编写教材时，考虑到接受培训人员的实际水平，为了使学员在较短时间内掌握从业必备的基本知识和操作技能，我们力求做到学习的理论知识为掌握操作技能服务，操作技能实践课题与生产实际紧密结合，内容深入浅出、图文并茂，增强教材的实用性和可读性。同时，注意在教材中反映新知识、新技术、新工艺和新方法，努力提高教材的先进性。

为了在规定的期限内更好地完成劳动预备制培训，各专业按照"公共基础课＋专业课"的模式进行教学。公共基础必修课教材为《法律常识》《职业道德》《就业指导》《计算机应用》。选修课教材为《应用数学》《实用写作》《英语日常用语》《劳动保护知识》《实用物理》《交际礼仪》。专业课教材分为专业基础知识教材和专业技术（理论和实训一体化）教材，每个专业一般2～3本。

在这批教材的修订、编写过程中，编审人员克服各种困难，较好地完成了任务。在此，谨向付出辛勤劳动的编审人员表示衷心感谢。

由于编写时间有限，教材中可能有一些不足之处，我们将在教材使用过程中听取各方面的意见，适时进行修改，使其趋于完善。

人力资源和社会保障部教材办公室

2008年9月

简　介

　　本书分 6 个模块、16 项任务，系统介绍了中式面点的制作技术。首先讲述了面点基础知识，使读者对面点制作有一个简单了解；然后采用任务驱动教学法的形式，分步骤讲解了水调面团制品、膨松面团制品、层酥类面团制品、米类及米粉类面团制品、淀粉面团及其他类面团制品的制作。

　　本书注重传授知识和培训技能相结合，根据提高被培训者全面素质和综合职业能力的实际需要，确定教材内容，增强了教材的适用性和实践性；力求做到概念准确、表达清楚，由浅入深、循序渐进、通俗易懂、易教易学，具有很强的实用性和可操作性。

　　本书由于洁主编，周波参编；梁东晓主审。

目 录

模块一 制作面点基础知识准备 ………………………………………………（ 1 ）
  任务1 初步认识面点及其原料 ……………………………………………（ 1 ）
  任务2 认识制作面点的工具与设备 ………………………………………（ 4 ）
  任务3 掌握面点制品成本核算方法 ………………………………………（ 5 ）
  任务4 掌握面点营养卫生知识 ……………………………………………（ 7 ）

模块二 水调面团（实性面团）制品制作 …………………………………（ 9 ）
  任务1 冷水面团的特点、调制方法与制作实例 …………………………（ 9 ）
  任务2 温水面团的特点、调制方法与制作实例 …………………………（ 20 ）
  任务3 热水面团的特点、调制方法与制作实例 …………………………（ 24 ）

模块三 膨松面团制品制作 …………………………………………………（ 30 ）
  任务1 生物膨松面团的特点、调制方法与制作实例 ……………………（ 30 ）
  任务2 化学膨松面团的特点、调制方法与制作实例 ……………………（ 36 ）
  任务3 物理膨松面团的特点、调制方法与制作实例 ……………………（ 42 ）

模块四 层酥类面团制品制作 ………………………………………………（ 45 ）

模块五 米类及米粉类面团制品制作 ………………………………………（ 50 ）
  任务1 实性面团的特点、调制方法与制作实例 …………………………（ 50 ）
  任务2 米粉膨松面团的特点、调制方法与制作实例 ……………………（ 56 ）
  任务3 米类面团的特点、调制方法与制作实例 …………………………（ 59 ）

模块六 淀粉面团及其他类面团制品制作 …………………………………（ 65 ）
  任务1 淀粉面团的特点、调制方法与制作实例 …………………………（ 65 ）
  任务2 果蔬面团的特点、调制方法与制作实例 …………………………（ 69 ）
  任务3 杂粮面团、鱼虾蓉面团等的特点、调制方法与制作实例 ………（ 73 ）

模块一 制作面点基础知识准备

教学目的和要求：
让学生了解面点的概念、风味流派、分类，面点制作的原料、工具与设备，掌握面点制作经营的成本核算方法。

教学内容：
1. 面点基础知识
（1）面点的概念及分类。
（2）面点的主要风味和流派。
（3）制作面点常用原料知识。介绍常用的主坯原料、制馅原料、辅助原料、蛋品、添加剂、糖、盐、味精等。
（4）制作面点常用的工具和设备。简单介绍制作面点的常用工具、机器设备的种类，及其使用与维护方法。
2. 面点制作经营成本核算基础知识
主要包括面点价格的构成特性、制定面点价格的原则及方法、面点制品的价格制定策略、面点制品定价程序、毛利率计算等。
3. 营养卫生知识
主要讲解面点工艺中营养素损失的原因、面点工艺中营养素的保护措施、操作间卫生要求。

教学方法：
以学生自学为主、老师讲授为辅，共同完成教学任务。

相关知识：
面点技术、面点工艺学、营养卫生、成本核算。

任务1 初步认识面点及其原料

一、面点的概念及分类

1. 面点的概念

以各种粮食为原料，或以粮食作主要原料，配以不同的肉类、鱼虾类、杂品类及鲜奶类等辅助原料，经过加工而制成的具有一定营养价值的米面制品，包括饭、粥、饼、馍、糊等。

2. 面点的主要风味和流派

（1）按地域和饮食文化的形成可分为南味、北味两大风味。

(2) 按风味流派可分为：

1) 京式：面为主料，口味咸鲜，馅用适量的水搅打，以京味糕点为代表。

2) 苏式：形态多，口味厚，略带甜，馅掺皮冻，以三丁、包子、汤圆为代表。

3) 广式：常用淀粉，重糖轻油，皮薄馅嫩，以虾饺、广式月饼为代表。

3. 面点的分类

(1) 按面团分类，有实性面类制品、膨松类制品、米类及米粉类制品、杂粮及其他类制品。

(2) 按原料分类，有麦类制品（叉烧包、花色饺）、米类制品（粽子、汤团）、杂粮类制品（扁豆糕、窝头）。

(3) 按流派分类，有京、苏、广、扬、潮、西北等制品。

(4) 按形态分类，有糕、饼、团、包、条、饺、粥、饭等。

(5) 按熟制方式分类，有蒸、炸、煮、烙、煎、烤、炒。

(6) 按口味分类，有甜味、咸味、甜咸味、复合味。

(7) 按制馅原料分类，有荤馅（生、熟馅）和素馅。

二、制作面点的原料

1. 主坯原料

(1) 大米。

1) 种类：籼米、粳米、糯米。

2) 化学成分：蛋白质6.8%，脂肪13%，糖类76%（淀粉和纤维素两部分），维生素极少，矿物质1%，水分13%～16%。

3) 大米的品质鉴定。

①米的粒形：无未熟，虫蚀，病斑，糙米，碎米，爆腰米。

②米的腹白：腹白多的大米品质较差。

③米的硬度：硬度大，品质高；硬度小的易碎。

(2) 面粉。按加工精度不同可分为特精粉、普通粉、标准粉。

1) 特精粉：色洁白，颗粒细小，含麸量少，面筋质多，筋力大，蛋白质含量低，维生素少，适于制作精细的筵席面点及西式面点。

2) 普通粉：色淡黄，颗粒较粗，麸量高，面筋质少，筋力小，蛋白质含量低，维生素含量高，适于制作一般家常面点。

3) 标准粉：介于上述二者之间，适于制作大众化的面点。

鉴别：从色、香、味、面筋质多少及含杂质量情况（含水量应在13.5%～14.5%之间）判定。

(3) 米粉。米粉坚实而少韧性，不宜发酵，操作时需煮芡，烫粉。

1) 按米粉的米质分类：

①糯米粉：硬度低，黏性大，涨发性能差。

②粳米粉：涨发性大于糯米。

③籼米粉：硬度高，黏性小，涨发性能强。

2) 按米粉加工方法分类：

①干磨粉：含水量少，保管方便，不易变质，粉质较粗，制成品后爽滑性差。

②湿磨粉：淘米涨发，静置，淋水，米粒松胖磨制，过罗筛。其质感比较细腻，富有光泽，含水量多，难于保存。

③水磨粉：淘米，浸米，带水磨粉及压粉沥水，质量取决于浸米时的浸泡程度。其粉质细腻，成品柔软，口感滑润，含水量大，不宜久藏。

(4) 杂粮。有玉米、小米、大豆、芋头。

2. 制馅原料

(1) 咸味馅料。

1) 肉类：猪肉、牛肉、鸡肉。

2) 水产品：鱼类和海鲜类（大马哈鱼、虾、海参、干贝）。

3) 蔬菜：按时节变化，水分大，异味太浓的必须焯水。

(2) 甜味馅料。

1) 豆类：大豆、赤小豆、绿豆、蚕豆、豌豆。

2) 干果类：瓜子仁、松子仁、花生仁、核桃仁、莲子仁、杏仁、椰丝、蜜饯等。

3. 常用辅助原料

(1) 膨松剂。

1) 小苏打（$NaHCO_3$）：俗称食粉，分解放出 CO_2 气体。

2) 臭粉：俗称打起子，分解生成 CO_2 和氨气，35℃分解，60℃分解完毕。

3) 发酵粉：泡打粉，发粉。用量为面粉的 1%～3%。

4) 盐碱矾：用量小于 1%。

5) 酵母：最佳活化温度为 25～28℃，0℃以下休眠，40℃以上衰老快，6%糖中活化快。

(2) 油脂。荤油在常温下呈固态，素油在常温下呈液态。

1) 动物油脂：

①大油：色白，有光泽，滋味良好。

②黄油：从牛乳中分离，其乳化、起酥效果好。

③鲜奶油：用鲜奶中的油脂加工而成，色洁白，味清香，含水量高，不易保存。

2) 植物油：大豆油、胡麻油、花生油、芝麻油（香油）等。

(3) 蛋品。

1) 鲜蛋：鸡蛋、鸭蛋、鸽蛋、鹌鹑蛋。

2) 再制蛋：咸鸭蛋，其蛋黄松沙出油。

(4) 添加剂。

1) 香精：使用范围为 0.15%～0.25%。

①天然香精：从植物体中提取，无害。

②单体香精：人工合成的芳香烃类化合物。

2) 色素：苋菜红、胭脂红 0.005%；柠檬黄、日落黄、靛蓝 0.01%。

(5) 糖。

1) 糖的分类。

①蔗糖：砂糖、绵白糖、冰糖、红糖。

②饴糖：白糖加上少量植物油合成，一种用米和麦芽为原料制成的糖，甜柔爽口，色黄，黏稠。

③糖精：从煤焦油中提炼，最大用量≤0.005%。

2) 糖的特性。起焦化作用，使制品色泽金黄，并能防腐，调节发酵速度。使用量不超过面粉的30%。

(6) 盐。盐的作用有：

1) 增强面团的劲性。盐是筋，碱是骨。
2) 增强制品的味道。油条等加盐油炸后有浓郁的酥香味，咸香爽口，油而不腻。

(7) 味精。增加制品的鲜味。

4. 水（述略）

任务2　认识制作面点的工具与设备

一、制作面点工具

1. 坯皮调制工具

(1) 面棍。长30~50 cm，直径5 cm，擀制面条、馄饨皮等。
(2) 面杖。长20~30 cm，直径3 cm，擀制水饺皮等。
(3) 通心槌。擀制量大、形大的皮等。
(4) 双手杖。两根并用，双手同时用力制皮。
(5) 橄榄杖。形如橄榄，擀制烧卖皮。
(6) 鸭形槌。中间细杆穿过，擀制烧卖皮。
(7) 花棍。表面有齿形的凹凸面，用于平面制品坯料表面花纹的擀制。

2. 面点制作成形工具

(1) 印模。印制品表面的图案用。
(2) 套模。用于薄形坯料的生坯成形。
(3) 花钳。用于制作花色点心的成形。
(4) 胎模。用于面包西点的成形。
(5) 花嘴。用于蛋糕的裱花及小点心的成形。
(6) 木梳。用于羽毛、鱼鳞等图案制作。
(7) 拨挑。用于开眼、点缀等制作。

3. 面点熟制工具

(1) 锅。包括水锅、炸锅、炒锅、平锅等。
(2) 蒸笼、蒸锅。用于蒸制面点。
(3) 手勺。用于炒馅、加料、装盘等。
(4) 漏勺。用于捞出原料和制品等。
(5) 筷子。用于捞出或翻动面点。
(6) 锅铲。用于炒馅、煎烙面点。
(7) 火钳。在烘烤过程中，取面点时使用。

4. 制作面点的常用刀具

(1) 文武刀。用于切肉、切菜等调制馅料的刀工成形及制品成形时的改刀。

(2) 剪刀。刀头细长，用于制作花色面点的成形（如刺猬的剪刺）。
(3) 长刮刀。用于刮塌奶油或切割面包、蛋糕等。
(4) 刨刀。用于刨丝制馅。
5. 其他常用工具
制作面点其他常用工具有面筛、粉扫、面刮板、排笔、小簸箕、牙刷、镊子等。

二、制作面点设备

1. 面案
有木板面案、石板面案、金属板面案等。
2. 炉灶
有蒸煮灶、烘烤炉、微波炉、电磁灶等。
3. 机器
有和面机、打蛋机、绞肉机、磨粉机、压片机等。
4. 其他设备
有秤、砧板、冰箱等。

三、制作面点工具、设备的使用与维护

1. 定点存放，专人管理。
2. 熟悉器具的性能，正确使用。
3. 注意器具的卫生，保持清洁。
4. 安全操作，及时维修。

任务3 掌握面点制品成本核算方法

一、面点价格的构成特性

1. 面点价格构成公式
面点价格＝原材料成本＋制作经营费用＋利润＋税金
长期以来，在核定面点价格时，只将原料成本作为成本要素，将生产经营费用、利润、税金合并在一起称为毛利，用以计算面点制品价格。因此，上式也可写成：
面点价格＝原料成本＋毛利
2. 影响面点价格的因素
面点价格受原料进价、产品种类、质量、规格等多种因素的影响，价格水平很灵活。
(1) 价格形式的多样性。面点品种多，价格随着制品的用途不同而呈多样性。因此，餐饮经营者必须充分认识面点产品价格的多样性，要根据面点的质量、销售方式灵活掌握价格标准，以适应各种类型的消费者的消费需求。
(2) 价格管理的时令性。制作面点的原料种类多样，如海产品、蔬菜等，它们的价格是由季节性、时令性、市场需求所决定的，管理者既要坚持灵活推出菜品、时菜时价的原则，又要根据季节、时令和市场需求变化，在调整菜单的过程中调整产品价格。

二、制定面点价格的原则及方法

1. 面点价格制定原则

（1）面点价格要反映面点制品的价值。价格要充分体现按质论价的特点，优质优价。

（2）面点价格必须适应市场需求。餐饮产品直接向顾客销售，因而定价与市场、顾客的反应有直接关系。价格直接影响需求，所以要适应市场需求。

（3）制定价格要服从国家政策，接受物价部门的指导。价格是在国家政策的指导下，各部门按照实际情况制定出来的，企业必须接受物价部门的检查督促指导，不能任意定价。

2. 面点价格制定方法

（1）随行就市法。即参照同行的面点销售价格制定自己的产品销售价格。随行就市法在实际中经常使用，是制定面点价格最简单的方法。

（2）成本系数定价法。这种方法是以成本为基数的定价方法。

（3）毛利率法。这是以面点的毛利率为基数的定价方法。

三、面点制品的价格制定策略

1. 满意利润策略

以争取正常利润为主，重点在掌握企业综合毛利率和分类毛利率的基础上，使产品价格补偿原料成本和营业费用后，有比较合理的利润。

2. 市场占领策略

产品价格以占有市场为主要目标，它包括占领新的市场和扩大原有产品的市场占有率两个方面。

3. 声望价格策略

这种策略是通过创造企业某种特色，或某类产品的名贵形象，以形成市场声望，从而获得较好的经济效益。

4. 心理价格策略

在掌握顾客心理的基础上，通过定价刺激客人消费，以获得良好的经济效益。

5. 竞争价格策略

以开展市场竞争、扩大产品销售、增强企业竞争能力为主要定价目标。

四、面点制品定价程序

1. 判断市场需求。在市场调查的基础上，掌握消费者对面点制品的接受程度，判定产品的市场需求。

2. 确定价格目标。在保持产品价格和市场需求最佳适应性的基础上，确定定价目标，从而达到产品的价格既为顾客所接受又能使企业获得利润的目的。

3. 预测产品成本。确定价格目标后，在分析产品成本、费用水平的基础上，为制定产品价格提供客观依据。

4. 竞争对手产品价格。价格是企业开展市场竞争的重要手段，在分析同行同一档次、同种规格和同类产品价格的基础上，选择自己的定价策略。

5. 制定毛利率标准。产品价格是根据产品成本和毛利率来制定的。毛利率的高低直接决定价格水平。因此，在确定产品价格前必须确定合理的分类毛利率和综合毛利率标准。分类毛利率是某一类餐饮产品的毛利额与产品销售价格或原料成本的比率。综合毛利率是某一等级、某种类型的企业餐饮产品的平均毛利率。

6. 选择定价方法。由于产品价格目标不同，所以定价方法也不一样。常见的有以成本为中心的定价方法、以利润为中心的定价方法和以竞争为中心的定价方法三种，各企业应结合自己产品的定价目标来选择具体的定价方法。

五、毛利率

1. 确定毛利率的一般原则

(1) 一般产品毛利率低；高档、有特色的产品毛利率高。

(2) 质高、料贵、技术含量高、供不应求的产品毛利率高。

(3) 批量大，成本低，毛利率低；零售，批量少，成本高，毛利率略高。

2. 毛利率的核算

毛利率的核算是指销售毛利率的核算。

销售毛利率＝（销售额－成本）/销售额×100％

六、计算面点制品的具体方法

1. 成本毛利率法

面点销售价格＝面点原料成本×（1＋成本毛利率）

2. 销售毛利率法

面点销售价格＝面点原料成本/（1－销售毛利率）

3. 系数定价法

面点销售价格＝面点成本×定价系数

任务4　掌握面点营养卫生知识

一、面点制作中营养素损失的原因

1. 溶解流失

水溶性维生素和无机盐流失，原因是洗涤、切配方法不当。

2. 加热损失

在面点熟制中，炸和烘烤，可使 VB_1、VB_2 等损失 50％；蒸、煮、烙，可使维生素损失 41％～47％。

3. 氧化损失

面点制作中原料切得越小、越碎，放置时间越长，维生素损失越多。

4. 加碱损失

VC、VB_1、VB_2 遇碱性物质易分解，所以面点制作中加碱会增加维生素的损失。

二、面点制作中保护营养素的措施

1. 合理洗涤

对于各种原材料，应避免用力搓洗和多遍淘洗，以洗净为准，以免将原料的表面细胞壁破坏，使营养素随水流失或氧化损失。

2. 科学切配

(1) 先洗后切。

(2) 减少放置时间。

(3) 切块尽量大些。

3. 上浆、挂糊

上浆、挂糊的作用是：保持原料中的水分和鲜味，使之内部鲜嫩，外部香酥或柔滑；保持原料形态，使之光润饱满；保持和增加菜肴的营养成分。鸡、肉、鱼等原料中所含的蛋白质、脂肪、维生素等通过上浆或挂糊，原料的外面有了保护层，使原料不直接与热油接触，内部的水分和养料就不易溢出，其营养成分也就不致受到较多的损失。不仅如此，糊浆由淀粉、鸡蛋等所组成，它们也具有丰富的营养成分，从而增加了菜肴的营养价值。

4. 适当加醋

骨头汤中加入醋可促使 Ca 的溶解。

5. 用鲜酵母发酵

增加 B 族维生素，破坏面中的植酸盐，有利于对 Ca 和 Fe 的吸收。

6. 正确使用熟制方法

合理的熟制方法是：急火快炒；先急火后慢火煮。

三、操作间卫生要求

1. 操作间干净、明亮，空气畅通，无异味。
2. 全部物品摆放整齐。
3. 机械设备、工作台、工具、容器做到木见本色，铁见光，无污物。
4. 地面保证每班次清洁一次，灶具每日打扫一次。
5. 抽屉、擦手布和揩布要保证每班次严格清洗并晾干。

模块二　水调面团（实性面团）制品制作

教学目的和要求：
让学生懂得水调面团的成团原理、特点，不同水温的面团调制方法及其用途，熟练进行相关制品实例的制作，提高其自学能力。

教学内容：
1. 面团对面点的作用
(1) 直接为成形工艺创造了条件。
(2) 确定坯料的口味。
(3) 可以实现成品的基本风味。
(4) 提高制品的营养。
(5) 与熟制方法相得益彰，形成风味。
2. 面团的分类
(1) 按面团主料分类，有面粉类面团、米及米粉类面团、淀粉类面团、其他类面团。
(2) 按面团的形态分类，有团状面团、粉粒状面团、颗粒状面团、浆糊状面团。
(3) 按面团特性分类，有实性面团、膨松面团、层酥面团。
3. 面团的原料
面团使用的原料有主要原料、调辅原料、水等。
4. 影响面团成团的因素
(1) 原料因素：主要体现在主料、辅料、调料、水、添加剂的选择及其量的配合上。
(2) 操作因素：体现在投料顺序、调制方法、调制速度及调制时间上。
5. 水调面团
水调面团指面粉掺水（有的加入少量盐、碱等辅料）所调制成的面团。水调面团又分为冷水面团、温水面团、热水面团。

教学方法：
以学生自学为主，老师辅助讲授，共同完成教学任务。

相关知识：
面点技术、面点工艺学、烹调技术、成本核算。

任务1　冷水面团的特点、调制方法与制作实例

一、任务内容
完成水饺、馄饨的制作。

二、知识链接

1. 冷水面团的特点

面筋组织丰富，筋力足，韧性强，拉力大，富有弹性，颜色白，熟制后质感硬实，口感爽滑，有咬劲（俗称"筋道"），食后耐饥等。

2. 冷水面团成团的原理

主要是由面粉中蛋白质的溶胀作用所致。当面粉与冷水混合后，面粉中的蛋白质便大量吸水溶胀，成了面筋网络组织，其他成分（淀粉等）均匀地分布在其中，并被包裹起来，形成面团。

3. 冷水面团的调制

（1）工艺流程：面粉＋辅料＋水→和面→饧面→调面→成团。

（2）原料要求：

1）选用加工精度高、含筋量适中、筋性较强的面粉。

2）水温30℃左右。

3）根据制品特定要求定量选配，可适量掺入盐、碱、蛋等辅料。

（3）用料比例：

1）一般面团：面粉和水的比例为10：（4.5～5），如水饺面团。

2）硬面团：面粉和水的比例为10：（3.5～4），如刀削面面团。

3）软面团：面粉和水的比例为10：（7～8），如馅饼、春卷皮面团。

（4）调制要求：

1）和面。以调和法为主，也可用拌和法，一般分次加水，第一次加水量为70%，第二次加水量为20%，第三次加水量为10%。

2）饧面。饧面时间应根据面团的面粉种类、加水量、成品要求及气温等不同而定，一般为15 min左右，长的达数小时。

3）调面。冷水面团要求筋性大些。常用的调面方法有揉面、摔面、捣面。

（5）调制要领：

1）水温必须恰当。

2）掌握掺水比例。

3）面团要反复调匀。

4. 制馅技能

（1）馅的概念。馅是一种常见于包入面点坯料内部的心子，也叫做"馅心"。

（2）馅的分类。

1）按馅的口味不同分，有甜味、咸味、复合味三类。

2）按馅的原料不同分，有荤馅、素馅、荤素混合馅。

3）按馅的调制方法分，有生馅和熟馅两大类。

（3）馅的调制特点。

1）制馅原料都是经加工而成的细碎小料，这样便于包制成形，便于馅料入味，便于成熟和食用。

2）调味手段简单，口味相对单一。

①咸味馅的调味较一般菜肴稍淡，因为馅料熟制后水分蒸发，咸味会相对增加。

②制作不同味道的馅有不同的控制方法。生制咸味馅讲究水量的控制；熟制咸味馅多需勾芡，凝固馅中加汤汁，会增加黏性和浓度，以便于成形，增加口感。生制甜味馅多需掺入熟粉料以增加主料的黏合力以便于成团成形，增加口感；熟粉料与白糖混合熟制时可防止破皮、穿底的现象；熟制甜味馅的主料多需进行预熟处理。

（4）生荤素馅的调制。

1) 注意事项：

①蔬菜多选用新鲜的，大部分须焯水处理，刀工成形一般为末状。

②选用的肉质要求质地鲜嫩，刀工处理为泥状或末状。

③调味品的添加应有顺序。一般应先加姜、酱油、盐，搅打上劲后再加料酒、糖、味精、葱、香油等。

④搅拌不能一次加足水分，应采取分次加入法。搅拌时，要顺同一方向用力搅打，至肉质有黏性、起胶为宜。

⑤添加的水量视原料及馅的品种而定，既要增加馅的卤汁又要便于包馅品种的成形。

⑥菜肉的混合一般在上馅前进行，混合后不宜放置太久，否则蔬菜易变味。

2) 调制要领：

①合理选料。

②刀工成形细小。

③控制馅中水分的含量。

④注重调味。

3) 质量标准：

①质地软嫩。

②拌匀不散。

③卤汁适宜。

④味道鲜香。

5. 制坯技能

主要由和面、饧面、调面、搓条、下剂、制皮等方面的技能组成。

（1）和面。

1) 和面的方法。主要有拌和法（抄拌法）、调和法、搅和法（见图2—1）。

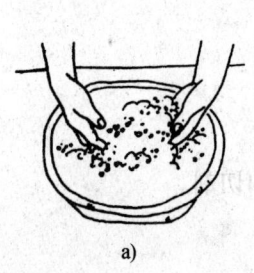 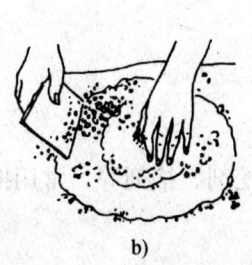 

a)　　　　　　　　b)　　　　　　　　c)

图2—1　和面方法

a) 拌和法和面　b) 调和法和面　c) 搅和法和面

2) 和面的要领：
①准确控制掺水量。
②掺水时以分次添加为宜。
③掺入辅料应有顺序。
④灵活运用和面方法。
3) 和面质量标准：
①投料准确。
②软硬恰当。
③混合均匀。
④基本成团。
(2) 饧面的要领。
1) 熟悉面团性质，正确运用饧面手法。
2) 灵活控制饧面的时间。
3) 为防止面团表面起皮，要覆盖湿布或放入有盖容器中。
(3) 调面。
1) 调面的方法有揉、捣、揣、摔、擦、叠、搅等，其中以揉、擦最为常用。
2) 调面的要领：将面团中各种成分均匀地混合，正确、灵活地运用各种调面方法，讲究用力的技巧。
3) 调面的标准：
①混合均匀。
②筋性一致。
③柔顺细腻。
④光滑干净。
(4) 搓条（见图 2—2）。
1) 搓条的要领：
①两手用力均匀，使力平衡，把握用力的技巧。
②控制添加的干粉量。
2) 搓条质量标准。
①剂条圆整。
②粗细适宜。
③条面光洁。
④均匀一致。

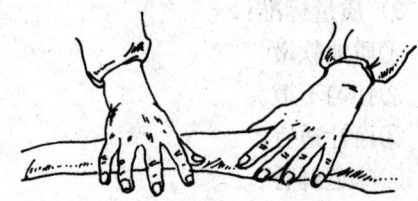

图 2—2 搓条

(5) 下剂（见图 2—3）。
1) 下剂的方法：揪剂、切剂、挖剂、掐剂等，常用揪剂和切剂。
2) 下剂的要领：
①两手配合默契，用力干脆果断。
②把握剂子量的大小，保持剂子的整齐。
③所下剂子应分开放置。
3) 下剂质量标准：

①不带毛茬。
②光洁整齐。
③大小一致。
④分量准确。
(6) 制皮（见图2—4）。
1) 制皮的方法有擀皮、按皮、压皮、捏皮、摊皮等，常用擀皮、按皮。

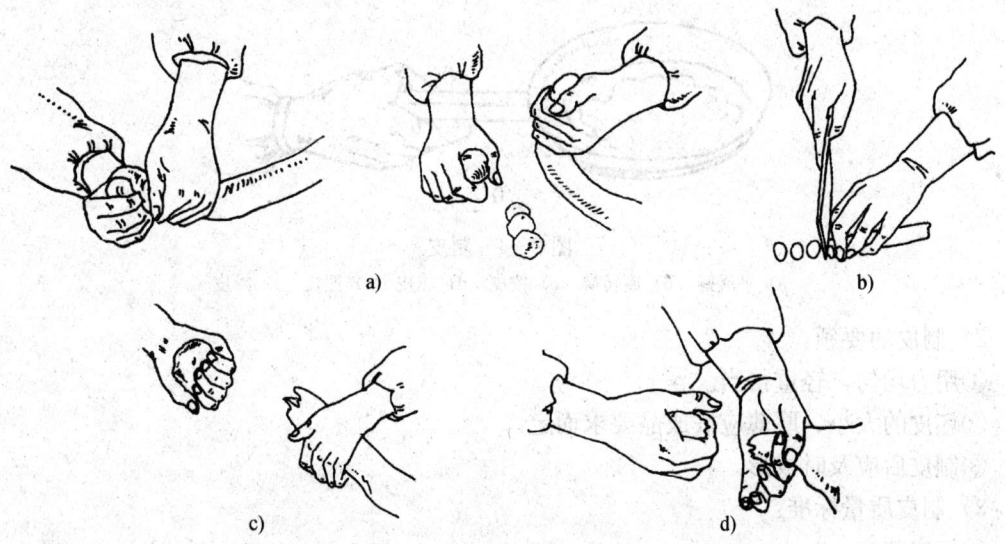

图 2—3 下剂
a) 揪剂　b) 切剂　c) 挖剂　d) 掐剂

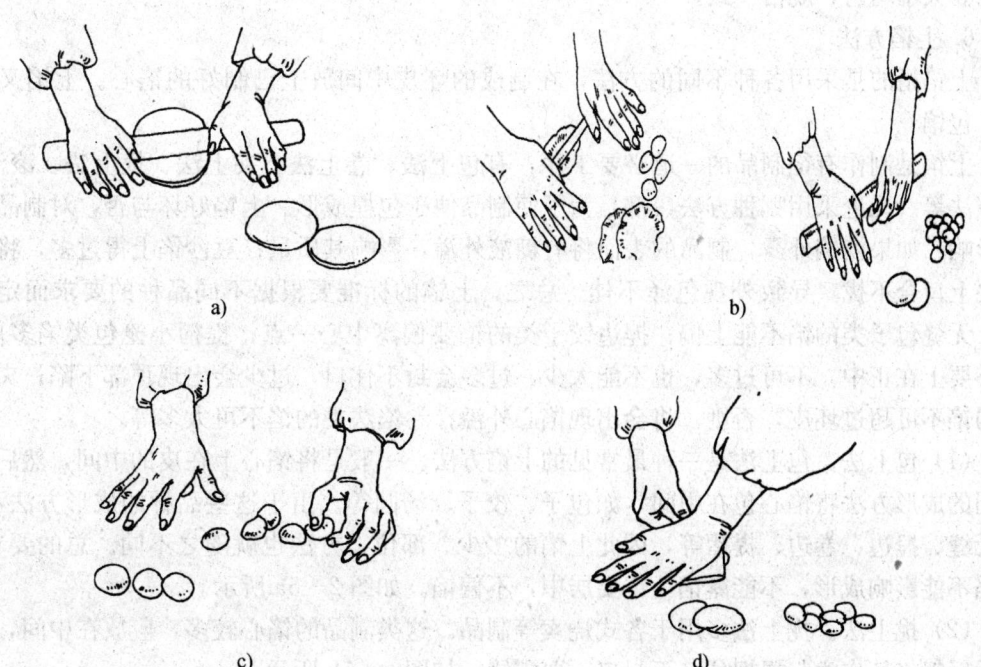

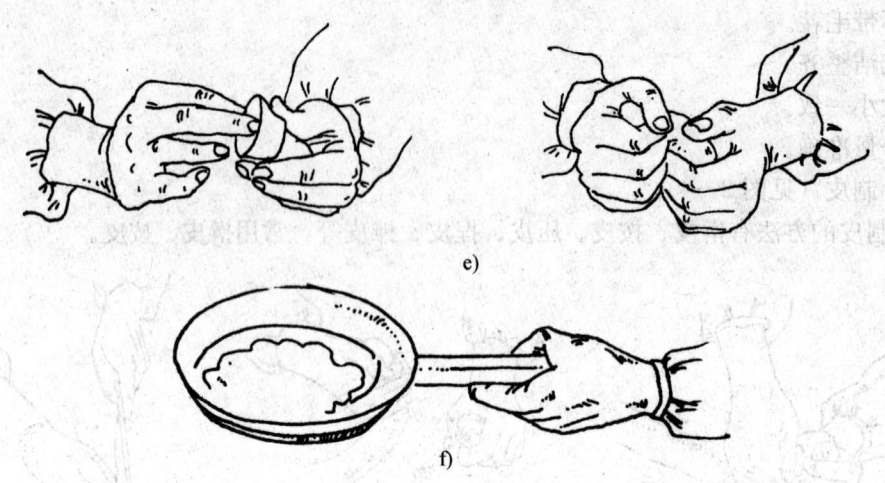

图 2—4 制皮
a) 平展擀 b) 旋转擀 c) 按皮 d) 压皮 e) 捏皮 f) 摊皮

2) 制皮的要领：
①用力均匀，轻重得当。
②坯皮的大小、厚薄应按成品要求而定。
③制皮后应及时成形。
3) 制皮质量标准：
①坯皮整齐。
②厚薄适宜。
③大小均匀，规格一致。

6. 上馅方法

上馅指的是采用各种不同的方法，在制成的坯皮中间放上已制好的馅心。上馅又叫塌馅、包馅。

上馅是制作有馅制品的一道必要工序，有包上法、卷上法、夹上法、拢上法、滚沾法、挤注法等。无论采用哪种方法，都是为了使制品便于包捏成形。上馅好坏与否，对制品有直接影响：如果糖馅外露，制品的表面将有糖液外溢，影响其质量；豆沙馅上得过多，将会使包尖上口合不拢，导致外观色泽不佳。总之，上馅的标准要根据不同品种的要求而定。例如，无缝包子类的馅不能上偏；捏边饺子类的馅要偏离中心一点；提褶小笼包类馅多皮少，馅心要上在正中，不可过多，也不能太少，过多会封不住口，过少会出现顶部下陷；夹馅法类的馅不可超过坯皮，否则，将会出现馅心外溢；卷馅法类的馅不可太多等。

(1) 包上法。包上法是一种最常见的上馅方法。一般是将馅心上在皮的中间，然后采取不同的成形方法将馅心包在中间，如包子、饺子、汤圆等。由于这些品种的成形方法不同，如无缝、捏边、卷边、提褶等，因此上馅的多少、部位、方法也就随之不同。总的要求是：上馅不能影响成形，不能露馅，馅要居中，不偏馅。如图 2—5a 所示。

(2) 拢上法。拢上法多用于各式烧卖等制品。这类制品的馅心较多，应放在中间，上好馅后轻轻将坯皮拢起提捏住，不封口，要露馅。如图 2—5b 所示。

(3) 卷上法。卷上法是先将面剂擀成一片，再全部抹馅（一般是细碎丁馅或软馅），然后卷成筒状，熟后切成块，露出馅心，如卷糕、豆沙花卷、卷筒蛋糕等。要求上馅平整，厚薄均匀，分量适当。

图 2—5 上馅的制法
a) 包上法 b) 拢上法

（4）夹上法。夹上法即一层粉料一层馅。上馅时要均匀、平整，可以夹上多层。对稀糊面制品，则要蒸熟一层后再上馅，再铺另一层，如三色蛋糕等。采用夹上法夹馅必须厚薄均匀、平展，规格、数量要适当。

（5）滚沾法。这是元宵、藕粉圆子的一种特殊上馅法。上馅时把馅料切成或搓成小块后蘸水，然后放入碾碎的干质粉中，用簸箕摇晃，裹上干质粉即成。滚沾上馅操作得好坏，直接影响品种的形态及产品的规格质量。操作时必须做到方法正确、手法灵活、大小一致，符合质量要求。

（6）挤注法。挤注法是常运用于熟稠馅心品种的一种上馅方法。西点用此方法较多，如羊角筒等。运用挤注法时，应注意掌握分量要一致。

三、制作实例

1. 水饺的制作

（1）制作水饺培训教学计划（见表 2—1）

表 2—1　　　　　　　制作水饺培训教学计划

要求	操作者应遵守操作规程，不要使用别人的刀具，更不能在现场乱挥刀具和工具，以免伤到其他操作者，应保持作业区环境卫生，养成文明的良好习惯，保持厨房内的安静，不得吐痰、乱扔杂物，注意个人卫生，勤洗澡，勤换衣服，勤剪指甲。
注意事项	1. 应对厨房设备及工具正常使用，用后清洗干净，会保养。 2. 杜绝一切违章操作和随意损坏设备工具的现象。 3. 保持工作台及用具的卫生，地面无油水。 4. 按照制品操作规范使用原材料，避免过量及不足，严禁浪费行为。 5. 工具用后清洗干净，原材料无毒无害。 6. 避免对着食品打喷嚏及用手接触直接入口的食品。 7. 餐用具消毒，把住病从口入关。 8. 有秩序地进行各环节制作。 9. 在工作中去卫生间时应脱换工作服，勤洗手。

续表

教学准备	1. 分组 将全班学生分组，每组指定一名负责任、成绩较好者任小组长。 2. 布置课前任务 (1) 教师提前一周给学生布置任务。 (2) 学生利用课外时间以小组合作的方式进行调研，完成任务卡。 (3) 教师提示学生通过以下方式进行调研： 1) 查阅相关书籍。 2) 亲身到酒店、食品店面食柜台咨询。
教学组织流程	1. 检查完成情况：学生课前完成任务卡。 2. 提出问题：要求学生根据调研获得的相关知识，请同学进行讲解。 3. 导入新课：老师根据学生讲解情况导入新课。 4. 学习新课：老师进行总结讲解。 5. 演示操作：教师演示，学生观摩。 6. 实习操作：学生动手完成水饺的制作，老师进行巡回指导。 7. 灵活运用：学生根据自己掌握的情况，选择做出另外2～3种不同馅心的制品。 8. 检查评分：根据评分标准给学生评出本课题成绩。 9. 课后小结：根据学生完成任务情况进行小结。 10. 课后任务：完成制作虾肉馄饨的任务卡。

课程名称	面点技术	课题名称	水饺制作	授课时数	节
授课日期	年　月　日		周次	第　周	
教学班级					
教材名称	《面点技术》				
教学方法	自学与指导结合，理论与实践结合。				
教学目的	1. 掌握冷水面团的调制方法，了解冷水面团的性质、特点。 2. 正确掌握面点制作的基本操作技法。 3. 学会北方水饺挤捏成形的方法。 4. 掌握煮制的技术要求。				
教学重点、难点	操作技法，馅心调制，成形和熟制技能。				

(2) 北方韭菜馅水饺的制作（见表2—2）

表2—2　　　　　　　　　北方韭菜馅水饺的制作

设备	燃气灶具、工作台。
工具	小面杖、菜刀、菜墩、碗、盘、竹筷、水锅、漏勺等。
坯料	面粉250 g，清水115 g。
馅料	猪肉250 g，韭菜200 g，姜末10 g，精盐5 g，料酒25 g，酱油2 g，味精2 g，芝麻酱30 g。

续表

工艺流程	韭菜切细 ↓ 猪肉剁碎 → 调味拌和 → 馅心 ↓ 和面 → 揉面 → 饧面 → 搓条 → 下剂 → 擀皮 → 包馅成形 ↓ 煮制 → 装盘
原理	面团性质：硬面团（冷水面团中的一种）。 面团操作技法：和面，揉面，搓条，下剂，制皮。 馅心种类：生荤素馅（咸馅中的一种）。 成形方法：挤捏。 成熟方法：煮制。
制作过程	1. 制馅 将韭菜择洗干净，切碎，猪肉剁成碎末放入盆内，加姜末、味精、料酒、芝麻油和少量的水，顺一个方向搅拌，至肉末有黏性上劲，加入韭菜拌和均匀即成馅心。 2. 制皮 将面粉置案板上，中间刨个坑，加水抄拌成雪片状，再反复揉搓成团，饧面15 min。将饧好的面团搓成直径1.5 cm的圆柱形长条，揪成面剂。将面剂竖放在案板上，用手按扁，用小面杖擀成直径6 cm、中间稍厚的圆形皮坯。 3. 包馅成形 取一张面皮，把馅心置皮坯中央，对叠剂，捏成木鱼饺子形状。 4. 成熟 用旺火沸水煮饺子，生饺下锅后，立即用勺背搅动几下，防止饺子粘连或粘锅，待饺子浮上水面，饺皮鼓起光滑不粘，馅心发硬即熟。用漏勺捞出饺子，沥下水分，盛入盘中即成，见右图。

（3）北方韭菜馅水饺制品质量评定（见表2—3）

表2—3　　　　　　　北方韭菜馅水饺制品质量评定

工艺要点	1. 面团软硬要适度。 2. 揉好的面团要饧面后方宜搓条。 3. 搓条粗细应均匀。 4. 每揪一个面剂，剂条要转动90°，使面剂保持圆柱形。 5. 擀皮用力要均匀，使饺子皮的大小、厚度、形状均匀一致。 6. 制馅时，生肉部分先加调味料拌和均匀后，再逐次加水，顺一个方向搅打上劲，最后加韭菜拌匀。 7. 煮饺子时，当饺子浮出水面后要"点水"，一般3次，保持锅内水沸而不腾，避免剧烈翻滚的水将饺子冲烂，造成漏馅。
成品质量要求	皮薄馅足，面皮柔软，馅心软嫩，咸鲜适口。
灵活运用	生产出不同馅心的饺子，馅心的材料可根据不同口味灵活调整，如三鲜馅、虾肉馅、什锦馅等。

续表

检查评比	学生互评，给出本课题的分数。
小结	通过本课题的学习，能熟练地运用相关知识与操作技法完成水饺的制作，并能灵活运用。
课后任务	完成制作虾肉馄饨的任务卡。

2. 虾肉馄饨的制作

(1) 制作虾肉馄饨培训教学计划（见表2—4）

表2—4　　　　　　　　　　制作虾肉馄饨培训教学计划

要求	操作者应遵守操作规程，不要使用别人的刀具，更不能在现场乱挥刀具和工具，以免伤到其他操作者。应保持作业区环境卫生，养成文明的良好习惯，保持厨房内的安静。不得吐痰、乱扔杂物。注意个人卫生，勤洗澡、勤换衣服，勤剪指甲。				
注意事项	1. 应对厨房设备及工具正常使用，用后清洗干净，会保养。 2. 杜绝一切违章操作和随意损坏设备工具的现象。 3. 保持工作台及用具的卫生，地面无油水。 4. 按照制品操作规范使用原材料，避免过量及不足，严禁浪费行为。 5. 工具用后清洗干净，原材料无毒无害。 6. 避免对着食品打喷嚏及用手接触直接入口食品。 7. 餐用具消毒，把住病从口入关。 8. 有秩序地进行各环节制作。 9. 在工作中去卫生间时应脱换工作服，勤洗手。				
教学准备	1. 分组 将全班学生分组，每组指定一名负责任、成绩较好的任小组长。 2. 布置课前任务 (1) 教师提前一周给学生布置任务。 (2) 学生利用课外时间以小组合作的方式进行调研，完成任务卡。 (3) 教师提示学生通过以下方式进行调研： 1) 查阅面点技术、原料知识及加工、烹调技术等方面的相关书籍。 2) 亲身到酒店、食品店面食柜台咨询。				
教学组织流程	1. 检查完成情况：学生课前完成任务卡。 2. 提出问题：要求学生根据调研获得的相关知识，请同学进行讲解。 3. 导入新课：老师根据学生讲解情况导入新课。 4. 学习新课：老师进行总结讲解。 5. 演示操作：教师演示，学生观摩。 6. 实习操作：学生动手完成虾肉馄饨的制作，老师进行巡回指导。 7. 灵活运用：学生根据掌握情况选择制作上海小馄饨和不同馅心的馄饨。 8. 检查评分：根据评分标准给学生评出本课题成绩。 9. 课后小结：根据学生完成任务情况进行小结。 10. 课后任务：完成制作葱花饼的任务卡。				
课程名称	面点技术	课题名称	虾肉馄饨	授课时数	节
授课日期	年　月　日		周次	第　周	

续表

教学班级	
教材名称	《面点技术》
教学方法	自学与指导结合,理论与实践结合。
教学目的	掌握冷水面团的调制方法,了解冷水面团的性质、特点。 正确掌握面点制作的基本操作技法。 学会虾肉大馄饨制皮和成形的方法。 掌握煮制的技术要求。
教学重点、难点	制皮技法,馅心调制,成形和熟制技能。

(2) 虾肉馄饨制作(见表2—5)

表2—5　　　　　　　　　　　　　虾肉馄饨制作

设备	燃气灶具、工作台。
工具	大面杖、菜刀、菜墩、碗、盘、竹筷、水锅、漏勺等。
坯料	面粉500 g,清水180~200 g,食碱3 g,淀粉适量。
馅料	夹心肉500 g,河虾仁100 g,盐20 g,绍兴酒20 g,味精5 g,葱、姜各5 g,麻油10 g,胡椒粉、熟猪油、蛋皮丝适量。
工艺流程	虾仁切碎 ↓ 猪肉剁碎→调味拌和→制馅心 ↓ 和面→揉面→饧面→擀皮→包馅成形 ↓ 煮制→装盘
原理	面团性质:硬面团。 面团操作技法:和面,揉面,制皮。 馅心种类:生荤素馅(咸馅中的一种)。 制皮方法:平展擀皮法。 成熟方法:煮制。
制作过程	1. 制馅 将夹心肉绞成末,加调料和水,搅打上劲起胶,再加入虾仁粒拌匀成生虾肉馅。 2. 制皮 将面粉置案板上,中间刨个坑,加水和食碱,用调和法和面。用揉面法将面团调匀,采用平展擀皮法将面团擀压成厚0.1 cm左右的大薄皮。 3. 包馅成形 用填入法上馅(坯、馅比例为1:1)。在坯皮一边(窄的一头),采用上包的成形方法将坯连同馅卷拢后,将两角相连捏住,见右图。 4. 成熟 采用煮的熟制法,点水一两次,成熟后捞出装碗,并放入汤、调料,撒上蛋丝即可。

(3) 虾肉馄饨制品质量评定（见表2—6）

表2—6　　　　　　　　　　　虾肉馄饨制品质量评定

工艺要点	1. 面团稍硬，不宜太软。 2. 馅稍干，不宜太烂。 3. 制皮时，用少量淀粉做铺面，防止粘连。 4. 捏角要紧（可涂少许水）。 5. 熟制时断生即可，汤料要清。
成品质量要求	皮薄馅足，皮面柔软，鲜汤味美，咸鲜适口，馅嫩。
灵活运用	馅心和汤料材料可根据不同口味灵活调整，还可以捞出蘸佐料食用，如红油抄手（即蘸四川的红油佐料）。
检查评比	学生相互观摩品尝，互相指出优缺点，老师加以补充，分别给出相应的分数。
小结	通过本课题的学习，能熟练地运用相关知识与操作技法完成馄饨的制作，并能灵活运用。
课后任务	学生根据所学的相关知识，完成制作葱花饼的任务卡。

任务2　温水面团的特点、调制方法与制作实例

一、任务内容

完成葱花饼的制作。

二、知识链接

1. 温水面团的特点

水温50~60℃，面筋组织较丰富，柔中有劲，有一定的延伸性和可塑性，颜色较白，成品容易成形，熟制后不走样。

2. 温水面团的成团原理

通过面粉中一部分未变性蛋白质的溶胀作用所形成的面筋组织具有包裹性，以及一部分淀粉糊化后产生的黏性等共同作用所致。

3. 温水面团的调制过程

(1) 工艺流程：面粉＋水→和面→饧面（散热）→调面→成团。

(2) 原料要求：

1) 面粉：选用加工精度高、含筋量及筋性适中的面粉。

2) 水：50~60℃温度。

3) 辅料：一般不加。

(3) 用料比例：面粉和水的比例为10：（6~7）。

(4) 调制要求：

1) 和面：以调和法为主，也可用搅和法。

2) 饧面：饧面时间较冷水面团短，并要散热。

3) 调面：以揉面的方法为主。

(5) 调制要领：

1) 水温与水量要准确。
2) 适当饧面。
3) 必须散去面团内的热气。

4. 手工成形技法

手工成形技法主要有搓、卷、包、捏、押、切、削、拨、擀、叠、摊、按（见图2—6）。

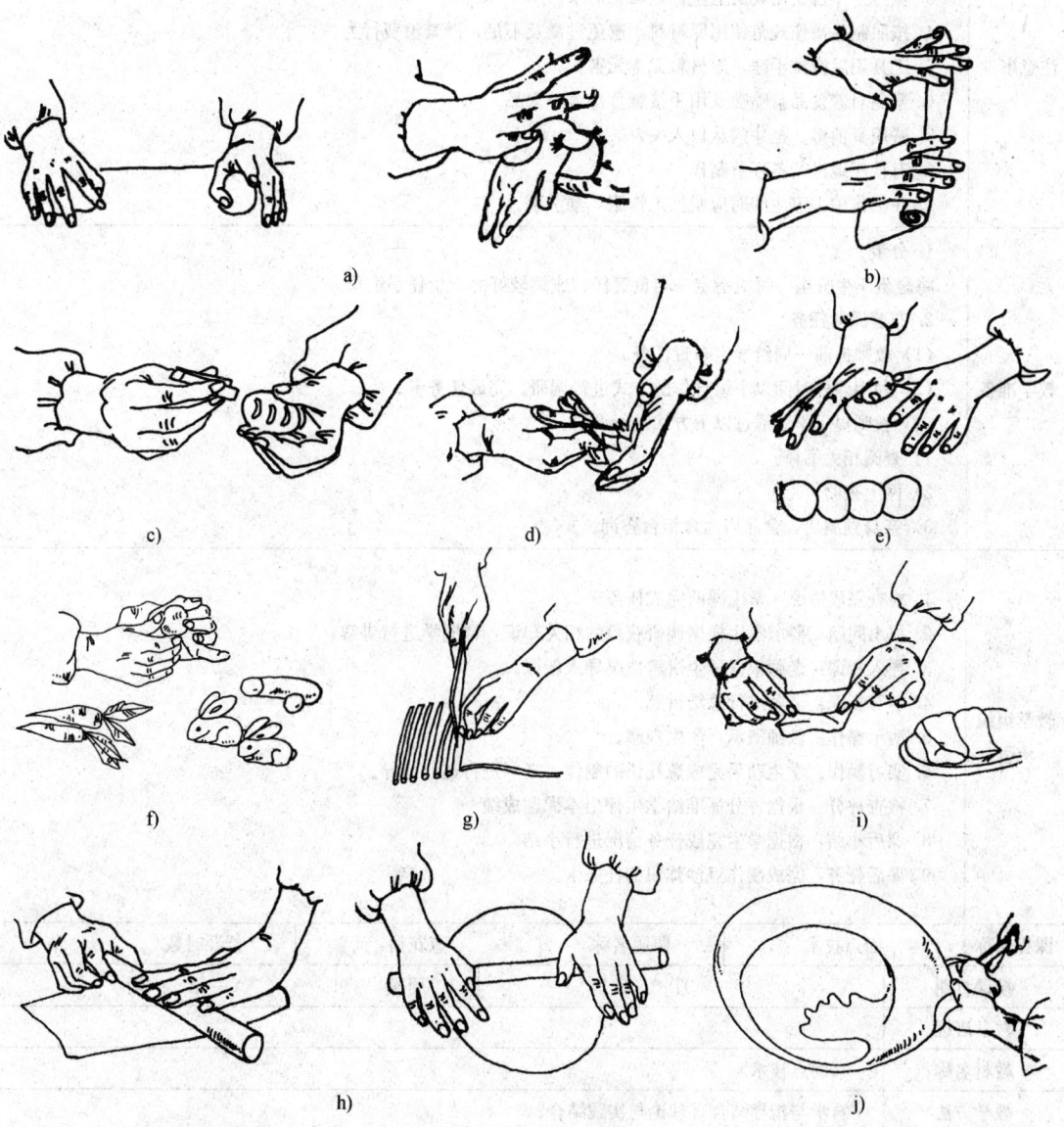

图2—6 手工成形技法
a) 旋转搓 b) 卷 c) 包与钳花复合成形 d) 包与剪花复合成形 e) 包与按复合成形
f) 捏 g) 切 h) 擀 i) 叠 j) 摊

三、制作实例（葱花饼制作）

1. 制作葱花饼培训教学计划（见表2—7）

表 2—7		制作葱花饼培训教学计划			
要求	\multicolumn{5}{l|}{操作者应遵守操作规程，不要使用别人的刀具，更不能在现场乱挥刀具和工具，以免伤到其他操作者，应保持作业区环境卫生，养成文明的良好习惯，保持厨房内的安静，不得吐痰、乱扔杂物，注意个人卫生，勤洗澡，勤换衣服，勤剪指甲。}				
注意事项	\multicolumn{5}{l|}{1. 应对厨房设备及工具正常使用，用后清洗干净，会保养。 2. 杜绝一切违章操作和随意损坏设备工具现象。 3. 保持工作台及用具的卫生，地面无油水。 4. 按照制品操作规范使用原材料，避免过量及不足，严禁浪费行为。 5. 工具用后清洗干净，原材料无毒无害。 6. 避免对着食品打喷嚏及用手接触直接入口食品。 7. 餐用具消毒，把住病从口入关。 8. 有秩序地进行各环节制作。 9. 在工作中去卫生间时应脱换工作服，勤洗手。}				
教学准备	\multicolumn{5}{l|}{1. 分组 将全班学生分组，每组指定一名负责任、成绩较好的学生任小组长。 2. 布置课前任务 (1) 教师提前一周给学生布置任务。 (2) 利用课外时间以小组合作的方式进行调研，完成任务卡。 (3) 教师提示学生通过以下方式进行调研： 1) 查阅相关书籍。 2) 网上查阅。 3) 亲身到酒店、食品店面食柜台咨询。}				
教学组织流程	\multicolumn{5}{l|}{1. 检查完成情况：学生课前完成任务卡。 2. 提出问题：要求学生根据调研获得的相关知识，请同学进行讲解。 3. 导入新课：老师根据学生讲解情况导入新课。 4. 学习新课：老师进行总结讲解。 5. 演示操作：教师演示，学生观摩。 6. 实习操作：学生动手完成葱花饼的制作，老师进行巡回指导。 7. 检查评分：根据评分标准给学生评出本课题成绩。 8. 课后小结：根据学生完成任务情况进行小结。 9. 课后任务：完成制作豆沙炸饼的任务卡。}				
课程名称	面点技术	课题名称	葱花饼	授课时数	节
授课日期	年　月　日		周次	第　周	
教学班级					
教材名称	《面点技术》				
教学方法	自学与指导结合，理论与实践结合。				
教学目的	1. 掌握温水面团的调制方法，了解温水面团的性质、特点。 2. 正确掌握葱花饼制作的基本操作技法。 3. 学会平展擀皮和单卷成形的方法。 4. 掌握煎制的技术要求。				
教学重点、难点	面点操作技法，成形和熟制技能。				

2. 制作葱花饼（见表2—8）

表2—8 制作葱花饼

设备	电饼铛、工作台。
工具	大面杖、菜刀、菜墩。
坯料	面粉 500 g，开水 180 g，冷水 120 g。
馅料	葱花、色拉油、精盐适量。
工艺流程	和面→揉面→饧面→搓条→下剂→擀皮→包馅成形 ↓ 煎制→装盘
原理	面团性质：温水面团（软面团）。 面团操作技法：和面，揉面，饧面，下剂，制皮。 馅心种类：咸馅。 形成方法：平展擀法，单卷。 成熟方法：煎制。
制作过程	1. 制馅 将大葱择洗干净后切成葱花备用。 2. 制坯 将面粉置容器内，边倒入开水边搅动，动作要迅速，散热晾凉。用冷水扎面至不黏，再反复揉搓成团，饧面。 3. 成形 用平展擀皮法擀成长方形大片，刷油，撒上盐和葱花，由外向内拢，并盘成螺丝转圆形，最后擀成圆饼形。 4. 成熟 用煎的熟制方法，将生坯煎成两面呈金黄色后改刀装盘，见右图。

3. 葱花饼制品质量评定（表见2—9）

表2—9 葱花饼制品质量评定

工艺要点	1. 面团稍软，扎透不黏。 2. 揉好的面团要饧面后方宜搓条，下剂。 3. 擀皮用力要均匀，长方形皮的厚度均匀一致。 4. 卷入的盐和葱花不宜太多。 5. 控制火力，防止焦煳和浸油。
成品质量要求	色泽金黄，外脆里软，葱香味浓，有层次。
灵活运用	饼的大小和馅心的材料可根据不同口味灵活调整，生产出不同风味的饼，并可以用此面团制作花色饺子、韭菜盒子等，学生个人自选操作。
检查评比	学生互相观摩，相互点评，找出问题和长处，打出本课题的分数。
小结	通过本课题的学习，能熟练地运用相关知识与操作技法完成葱花饼的制作，并能灵活运用。
课后任务	完成制作豆沙炸饼的任务卡。

任务3　热水面团的特点、调制方法与制作实例

一、任务内容
完成豆沙炸饼、烧卖的制作。

二、知识链接
1. 热水面团的特点

面团柔软，筋力小，韧性差，黏度大，可塑性较强，色泽较暗。熟制后成品呈半透明状，口感柔糯细腻。

2. 热水面团的成团原理

由面粉中组织具有包裹性和淀粉糊化的作用所致——热水使大量淀粉糊化产生黏性，成为黏度很高的糊状溶胶，将其他成分（蛋白质等）粘结而成面团。

3. 温水面团的调制过程

（1）工艺流程：面粉＋水＋辅料→和面→散热→调面→成团。

（2）原料要求：

1）面粉：选用含筋量适中、筋性弱的面粉。

2）水：用90℃以上的热水。

3）辅料：根据制品要求选配，加入少量的油、糖、盐等。

（3）用料比例：面粉和水的比例为10∶8或1∶1。

（4）调制要求：

1）和面：采用搅和法，一气呵成。

2）散热：将和好的面团切开或用手掰开，自然冷却。

3）调面：以揉面的方法为主，擦面为辅，揉擦结合，并用扎面的方法将少量的冷水逐渐混入。

（5）调制要领：

1）热水要浇匀。

2）洒上冷水，扎面成团。

3）面团内的热气要散尽。

4）加水量要适当。

4. 甜馅的制作

（1）注意事项：

1）在拌和时首先将白糖进行打潮处理。

2）需加入一定量的熟面粉或熟米粉。

3）糖、粉拌和时，应用力推擦，使之均匀，并控制其软硬程度。

4）可掺入其他配料，形成多种风味的馅。常用的有芝麻、板油丁、青红丝、糖桂花、熟制的果仁和蜜饯等。

5）添加的原料无霉烂变质，无皮、核、壳等杂质。

6）合理选择果仁的熟制方法和熟制程度。

7) 果仁、蜜饯的刀工处理大小要合适。

(2) 调制要领：

1) 选料要精细。

2) 加工处理要合理。

3) 擦拌要均匀、透彻。

4) 软硬适当。

(3) 质量标准：软硬合适，混合均匀，香甜松爽，干湿适宜。

三、制作实例

1. 豆沙炸饼的制作

(1) 制作豆沙炸饼培训教学计划（见表2—10）

表2—10　　　　　　　　制作豆沙炸饼培训教学计划

要求	操作者应遵守操作规程，不要使用别人的刀具，更不能在现场乱挥刀具和工具，以免伤到其他操作者，应保持作业区环境卫生，养成文明的良好习惯，保持厨房内的安静，不得吐痰、乱扔杂物，注意个人卫生，勤洗澡，勤换衣服，勤剪指甲。
注意事项	1. 应对厨房设备及工具正常使用，用后清洗干净，会保养。 2. 杜绝一切违章操作和随意损坏设备工具现象。 3. 保持工作台及用具的卫生，地面无油水。 4. 按照制品操作规范使用原材料，避免过量及不足，严禁浪费行为。 5. 工具用后清洗干净，原材料无毒无害。 6. 避免对着食品打喷嚏及用手接触直接入口食品。 7. 餐用具消毒，把住病从口入关。 8. 有秩序地进行各环节制作。 9. 在工作中去卫生间时应脱换工作服，勤洗手。
教学准备	1. 分组 将全班学生分组，每组指定一名负责任、成绩较好的任小组长。 2. 布置课前任务 (1) 教师提前一周给学生布置任务。 (2) 学生利用课外时间以小组合作的方式进行调研，完成任务卡。 (3) 教师提示学生通过以下方式进行调研： 1) 查阅相关书籍。 2) 网上查阅。 3) 亲身到酒店、食品店面食柜台咨询。
教学组织流程	1. 检查完成情况：学生课前完成任务卡。 2. 提出问题：要求学生根据调研获得的相关知识，请同学进行讲解。 3. 导入新课：老师根据学生讲解情况导入新课。 4. 学习新课：老师进行总结讲解。 5. 演示操作：教师演示，学生观摩。 6. 实习操作：学生动手完成豆沙炸饼的制作，老师进行巡回指导。 7. 检查评分：根据评分标准给学生评出本课题成绩。 8. 课后小结：根据学生完成任务情况进行小结。 9. 课后任务：完成制作烧卖的任务卡。

续表

课程名称	面点技术	课题名称	豆沙炸饼	授课时数	节
授课日期	年 月 日		周次	第 周	
教学班级					
教材名称	《面点技术》				
教学方法	自学与指导结合,理论与实践结合。				
教学目的	1. 掌握热水面团的调制方法,了解热水面团的性质特点。 2. 正确掌握豆沙炸饼制作的基本操作技法。 3. 学会制作豆沙馅。 4. 掌握炸制的技术要求。				
教学重点、难点	制馅操作技法,和面、成形和熟制技能。				

(2) 制作豆沙炸饼(见表2—11)

表2—11　　　　　　　　　　　制作豆沙炸饼

设备	电炸锅、工作台、炒锅、水锅。
工具	面盆、筷子。
坯料	面粉 500 g,开水 400 g,赤豆 500 g,白糖 650 g,植物油 250 g,芝麻、鸡蛋适量。
工艺流程	烫面→散热→揉面→下剂→按皮→包馅成形 　　　　　　　　　　　↑　　　　↓ 　　　　　　　　　　制馅　　炸制→装盘
原理	面团性质:热水面团。 面团操作技法:烫面,揉面,下剂,制皮。 馅心种类:甜馅。 上馅、成形方法:填入法、包上法。 成熟方法:炸制。
制作过程	1. 制馅 将赤豆加水煮至酥烂,加入筛子擦去表皮取其豆肉,装入布袋挤干水分,倒入锅中加油、糖,炒至水分基本蒸干、较稠浓为止,成为豆沙馅。 2. 制坯 将面粉置容器内,采用搅和法和面,边倒入开水边搅动,动作要迅速,散热晾凉。用擦面、揉面结合的调面法调成团,搓条,切剂(50 g面粉下 4 个),用按皮法制成圆皮。 3. 成形 用填入法上馅(坯、馅比例为 1∶1),先包成形,再按成饼状,两面涂上蛋液,粘上芝麻。 4. 成熟 采用炸的熟制方法,将生坯炸至淡黄色捞出装盘。

(3) 豆沙炸饼制品质量评定(见表2—12)

表 2—12　　　　　　　　　　　豆沙炸饼制品质量评定

工艺要点	1. 面团稍软，不夹干粉粒。 2. 豆沙馅软硬合适，防止焦煳。 3. 包馅成形时防止露馅。 4. 掌握好油温和炸制时间，防止炸煳。 5. 控制好火力。
成品质量要求	色泽淡黄，口感糯软，甜润，香脆。
灵活运用	馅心的材料可根据不同口味灵活调整，一般以熟甜馅为主，如枣泥馅、莲蓉馅等。
检查评比	学生互相观摩，相互点评，找出问题和长处，打出本课题的分数，老师辅助意见。
小结	通过本课题的学习，能熟练运用相关知识与操作技法完成豆沙炸饼的制作，并能灵活运用。
课后任务	完成制作烧卖的任务卡。

2. 烧卖的制作

（1）制作烧卖培训教学计划（见表 2—13）

表 2—13　　　　　　　　　　　制作烧卖培训教学计划

要求	操作者应遵守操作规程，不要使用别人的刀具，更不能在现场乱挥刀具和工具，以免伤到其他操作者，应保持作业区环境卫生，养成文明的良好习惯，保持厨房内的安静，不得吐痰、乱扔杂物，注意个人卫生，勤洗澡，勤换衣服，勤剪指甲。
注意事项	1. 应对厨房设备及工具正常使用，用后清洗干净，并注意保养。 2. 杜绝一切违章操作和损坏设备工具的现象。 3. 保持工作台及用具有卫生，地面无油水。 4. 按照制品操作规范使用原材料，避免过量或不足，严禁浪费行为。 5. 工具用后清洗干净，原材料无毒无害。 6. 避免对着食品打喷嚏及用手接触直接入口食品。 7. 做好餐用具消费。 8. 有秩序地进行各环节制作。 9. 在工作中去卫生间时应脱换工作服，勤洗手。
教学准备	1. 分组 将全班学生分组，每组指定一名负责任、成绩较好的学生任小组长。 2. 布置课前任务 （1）老师提前一周给学生布置任务。 （2）学生利用课外时间以小组合作的方式进行调研，完成任务卡。 （3）教师提示学生通过以下方式进行调研： 1）查阅相关书籍。 2）网上查阅。 3）亲身到酒店、食品店面食柜台咨询。

续表

教学组织流程	1. 检查完成情况：学生课前完成任务卡。 2. 提出问题：要求学生根据调研获得的相关知识，请同学进行讲解。 3. 导入新课：老师根据学生讲解情况导入新课。 4. 学习新课：老师进行总结讲解。 5. 演示操作：教师演示，学生观摩。 6. 实习操作：学生动手完成烧卖的制作，老师进行巡回指导。 7. 检查评分：根据评分标准给学生评出本课题成绩。 8. 课后小结：根据学生完成任务情况进行小结。 9. 课后任务：完成制作生物膨松面团的任务卡。

课程名称	面点技术	课题名称	烧卖	授课时数	节
授课日期	年 月 日		周次	第 周	
教学班级					
教材名称	《面点技术》				
教学方法	自学与指导结合，理论与实践结合。				
教学目的	1. 掌握热水面团的调制方法，了解热水面团的性质特点。 2. 正确掌握烧卖制作的基本操作方法。 3. 学会制作使用橄榄杖制作荷叶边的皮。 4. 掌握熟制的技术要求。				
教学重点、难点	制馅操作技法，和面、制皮和熟制技能。				

(2) 制作烧卖（见表2—14）

表2—14　　　　　　　　　　制作烧卖

设备	蒸锅、工作台。
工具	面盆、筷子、橄榄杖。
坯料	面粉500 g，开水375 g。
馅料	荠菜1 500 g，白糖750 g，猪板油丁500 g，盐7 g，食碱少许。
工艺流程	烫面→散热→揉面→下剂→按皮→包馅→成形 　　　　　　　　　　　↑　　　↓ 　　　　　　　　　　制馅　蒸制→装盘
原理	面团性质：热水面团。 面团操作技法：烫面，揉面，下剂，制皮。 馅心种类：生甜馅。 上馅、成形方法：填入法、拢上法。 成熟方法：蒸制。

续表

制作过程	1. 制馅 将荠菜洗净焯水（放入少许食碱）后过冷水，挤干水分，剁碎，与调料、辅料一起拌匀成翡翠馅。 2. 制坯 将面粉置容器内，采用搅和法和面，边倒入开水边搅动，动作要迅速，散热晾凉。用擦面、揉面结合的调面法调成团，搓条，揪剂（50 g 面粉下 5 个），放入干粉中，用橄榄杖旋转擀皮法擀成荷叶边，直径为 10 cm 的圆皮。 3. 成形 用填入法上馅（坯、馅比例为 2∶3），用拢上法将坯皮慢慢收口捏拢（露馅），包成石榴形。 4. 成熟 生坯上笼启用旺火蒸 5～6 min，成熟后取出装盘，见右图。 

(3) 烧卖制品质量评定（见表 2—15）

表 2—15　　　　　　　　烧卖制品质量评定

工艺要点	1. 馅料为绿色叶菜。 2. 面粉要烫匀，面团中无干粉粒。
成品质量要求	皮薄馅多，色如翡翠，甜润清香。
灵活运用	馅心的材料可根据不同口味灵活调整。
检查评比	学生互相观摩，相互点评，找出问题和长处，打出本课题的分数，附以老师辅助意见。
小结	通过本课题的学习，能熟练运用相关知识与操作技法完成烧卖的制作，并能灵活运用。
课后任务	完成制作生物膨松面团制品的任务卡。

模块三 膨松面团制品制作

教学目的和要求：
让学生了解各种膨松面团的调制原理、方法、特点和用途，熟练进行相关制品实例的制作。

教学内容：
1. 膨松面团的概念
膨松面团指在调制面团过程中加入适当的辅料或采用适当的调制方法，使面团组织发生化学和物理变化，最终形成空洞的面团。
2. 膨松面团的分类
按用料及调制方法不同可分为生物膨松面团、化学膨松面团和物理膨松面团。

教学方法：
以学生自学为主体，老师辅助讲授，共同完成教学任务。

相关知识：
面点技术、面点工艺学、烹调技术、成本核算。

任务1 生物膨松面团的特点、调制方法与制作实例

一、任务内容
完成蝴蝶夹、鲜肉大包的制作。

二、知识链接
1. 生物膨松面团的概念
生物膨松面是指面粉中加入适量的酵母菌或含有酵母菌的面团（老面），和水等拌揉均匀后，置于适宜的温度条件下，通过酵母菌的发酵作用产生气体，形成膨胀松软的面团。
2. 生物膨松面团的特点
体积膨松，富有弹性，有轻微的酒香味，营养丰富，制作成品口感暄软，风味独特。
3. 生物膨松面团的成团原理
利用微生物生长繁殖时在面团内分解有机物，产生二氧化碳和热量所致。这些气体被保持在面团内不使之逸出时，面团内便充满了气体，从而使坯料形成蜂窝状的空洞，体积使之膨大。
4. 影响生物膨松面团质量的因素
（1）温度。酵母菌繁殖的最适宜温度为25～28℃，面团的最佳温度为30～37℃。
（2）酵母。酵母要有活力。酵母的用量为面粉的0.5%左右。

(3) 面筋。面筋过大发酵时间长；面筋过小面团不能包裹住发酵时产生的大量气体，面团组织结构不好、易塌陷，成品体积小。一般选用面筋含量适中且筋性强的面粉。

(4) 面团软硬。软面团发酵速度快，保持气体能力差，气体易散失；硬面团的持气性强，但对面团发酵速度有所抑制，应根据品种要求适当选择。

(5) 发酵时间。发酵时间过长，面团变得稀软，弹性差，酸味强烈，成熟后软塌；发酵时间过短，面团胀发不足，同样也影响成品质量。

5. 生物膨松面的调制过程

(1) 工艺流程：面粉＋酵母（老肥）＋水＋辅料→和面→饧面→调面→饧发（加碱）→成团。

(2) 原料要求：

1) 面粉：选用新鲜、加工精度高、面筋含量适中且筋性强的面粉。

2) 水：夏天使用 30℃以下的水，其他季节使用 30～40℃的水。

3) 酵母：酵母菌以新鲜、发酵力强、不变质的为好。老肥则选择质地纯、酸味正常的老面。

4) 辅料：种类很多，根据制品要求选配，常用的有蛋、油、糖、盐等。

(3) 用料比例：面粉和水的比例为 1∶0.5～1∶0.6；面粉和糖的比例为 1∶0.25；面粉和油的比例为 1∶0.05；面粉和盐的比例为 1∶0.02。

(4) 调制如下：

1) 和面。采用调和法或拌和法。

2) 饧面。一般为 15 min 左右。

3) 调面。以揉面的方法为主，还用捣面、揣面的手法调制，目前多用压面机完成。

4) 饧发。保温在 28～32℃，相对湿度为 75% 左右，约 30～60 min。

(5) 调制要领：

1) 干酵母必须经过活化处理，激活其发酵的活力。

2) 熟悉老肥的性能。

3) 面团要调匀软硬适度。

4) 控制面团的饧发时间。

5) 加碱量要准确。如果碱过多，成品发黄，揉不匀时还出现花碱；如果碱过少，则发硬、发僵、发酸，无法食用。

6. 生物膨松面团的分类

(1) 大酵面：用于制作馒头、花卷、包子等。

(2) 嫩酵面：用于制作汤包、小笼包等。

(3) 呛酵面：用于制作千层馒头、高桩馒头等。

(4) 碰酵面：多采用老肥发酵。

(5) 开花酵面：用于制作开花馒头、叉烧包等，多采用老肥发酵。

三、制作实例

1. 蝴蝶夹的制作

(1) 制作蝴蝶夹培训教学计划（见表 3—1）

表 3—1　　　　　　　　　制作蝴蝶夹培训教学计划

要求	操作者应遵守操作规程，不要使用别的人刀具，更不能在现场乱挥刀具和工具，以免伤到其他操作者，应保持作业区环境卫生，养成文明的良好习惯，保持厨房内的安静，不得吐痰、乱扔杂物，注意个人卫生，勤洗澡，勤换衣服，勤剪指甲。
注意事项	1. 应对厨房设备及工具正常使用，用后清洗干净，会保养。 2. 杜绝一切违章操作，随意损坏设备工具的现象。 3. 保持工作台及用具的卫生，地面无油水。 4. 按照制品操作规范使用原材料，避免过量及不足，严禁浪费行为。 5. 工具用后清洗干净，原材料无毒无害。 6. 避免对着食品打喷嚏及用手接触直接入口食品。 7. 餐用具消毒，把住病从口入关。 8. 有秩序地进行各环节制作。 9. 在工作中去卫生间时应脱换工作服，勤洗手。
教学准备	1. 分组 将全班学生分组，每组指定一名负责任、成绩较好的学生任小组长。 2. 布置课前任务 (1) 教师提前一周给学生布置任务。 (2) 学生利用课外时间以小组合作的方式进行调研，完成任务卡。 (3) 教师提示学生通过以下方式进行调研： 1) 查阅相关书籍。 2) 网上查阅。 3) 亲身到酒店、食品店面食柜台咨询。
教学组织流程	1. 检查完成情况：学生课前完成任务卡。 2. 提出问题：要求学生根据调研获得的相关知识，请同学进行讲解。 3. 导入新课：老师根据学生讲解情况导入新课。 4. 学习新课：老师进行总结讲解。 5. 演示操作：教师演示，学生观摩。 6. 实习操作：学生动手完成蝴蝶夹的制作，老师进行巡回指导。 7. 检查评分：根据评分标准给学生评出本课题成绩。 8. 课后小结：根据学生完成任务情况进行小结。 9. 课后任务：完成制作鲜肉大包的任务卡。

课程名称	面点技术	课题名称	蝴蝶夹	授课时数	节
授课日期	年　月　日		周次	第　周	
教学班级					
教材名称	《面点技术》				
教学方法	自学与指导结合，理论与实践结合。				
教学目的	1. 掌握膨松面团的调制方法，了解膨松面团的性质、特点。 2. 正确掌握面点制作的基本操作技法。 3. 学会蝴蝶夹等成形的方法。 4. 掌握蒸制的技术要求。				
教学重点、难点	操作技法，成形和熟制技能。				

(2) 制作蝴蝶夹（见表3—2）

表3—2　　　　　　　　　　　　　制作蝴蝶夹

设备	蒸饭车、工作台。
工具	面杖、菜刀、面盆、剪子、竹筷、木梳等。
坯料	面粉500 g，常温水250～275 g，干酵母2.5 g左右，白糖少许。
馅料	豆沙馅适量。
工艺流程	制馅 ↓ 和面→揉面→饧发→搓条→下剂→擀皮→上馅成形 ↓ 蒸制→装盘
原理	1. 面团性质：纯酵母发酵面团（膨松面团）。 2. 面团操作技法：和面，揉面，搓条，下剂，制皮。 3. 馅心种类：甜熟馅（熟馅中的一种）。 4. 上馅方法：平铺法。 5. 成熟方法：蒸制。
制作过程	1. 制馅 与豆沙炸饼制馅方法相同。 2. 制坯 在面粉中加水、酵母、白糖等，采用调和法或拌和法和面，饧10 min再采用揉面的调面手法将面团调匀调透，饧发0.5～1 h后成大酵面。然后再搓条，饧面15 min后将饧好的面团搓条，揪剂（50 g面粉下4个剂子），用小面杖擀成圆形皮。 3. 成形 取一张皮，一半涂上油（可铺上豆沙），对折成半圆形在其表面用木梳压上花纹，在平直一边的中间捏出尖头。在圆弧一边用刀尖揿进3处凹痕成蝴蝶形状。 4. 成熟 生坯上笼饧发片刻，待再次发起后用旺火蒸7～8 min，成熟后取出、装盘。

(3) 蝴蝶夹制品质量评定（见表3—3）

表3—3　　　　　　　　　　　　蝴蝶夹制品质量评定

工艺要点	1. 面团软硬要适度。 2. 要待生坯发起后蒸制。 3. 成形要统一。 4. 揪剂：揪一个面剂，剂条要转动90°，使面剂保持圆柱形。 5. 蒸制时用大火，掌握好时间，防夹生。 6. 水量要八分满，不宜过多或过少。 7. 成熟后要及时将制品下屉。
成品质量要求	松软洁白，形如蝴蝶。

续表

灵活运用	大酵面可制作的品种很多，可制作夹类、卷类和糕类，如桃夹、荷叶夹、猪蹄卷、银丝卷、千层油糕、馒头、寿桃等。蝴蝶卷见右图。
检查评比	学生可做出多种制品，互相评比，找出不足给出本课题的分数。
小结	通过本课题的学习，能熟练运用相关知识与操作技法完成蝴蝶夹等大酵面制品的制作，并能灵活运用。
课后任务	完成制作鲜肉大包制品的任务卡。

2. 鲜肉大包的制作

（1）制作鲜肉大包培训教学计划（见表3—4）

表3—4　　　　　　　　制作鲜肉大包培训教学计划

要求	操作者应遵守操作规程，不要使用别人的刀具，更不能在现场乱挥刀具和工具，以免伤到其他操作者，应保持作业区环境卫生，养成文明的良好习惯，保持厨房内的安静，不得吐痰、乱扔杂物，注意个人卫生，勤洗澡，勤换衣服，勤剪指甲。
注意事项	1. 应对厨房设备及工具正常使用，用后清洗干净，会保养。 2. 杜绝一切违章操作和随意损坏设备工具现象。 3. 保持工作台及用具的卫生，地面无油水。 4. 按照制品操作规范使用原材料，避免过量及不足，严禁浪费行为。 5. 工具用清洗干净，原材料无毒无害。 6. 避免对着食品打喷嚏及用手接触直接入口食品。 7. 餐用具消毒，把住病从口入关。 8. 有秩序地进行各环节制作。 9. 在工作中去卫生间时应脱换工作服，勤洗手。
教学准备	1. 分组 将全班学生分组，每组指定一名负责任、成绩较好的学生任小组长。 2. 布置课前任务 （1）教师提前一周给学生布置任务。 （2）学生利用课外时间以小组合作的方式进行调研，完成任务卡。 （3）教师提示学生通过以下方式进行调研： 1）查阅相关书籍。 2）网上查阅。 3）亲身到酒店、食品店面食专柜咨询。

续表

教学组织流程	1. 检查完成情况：学生课前完成任务卡。 2. 提出问题：要求学生根据调研获得的相关知识，请同学进行讲解。 3. 导入新课：老师根据学生讲解情况导入新课。 4. 学习新课：老师进行总结讲解。 5. 演示操作：教师演示，学生观摩。 6. 实习操作：学生动手完成鲜肉大包的制作，老师进行巡回指导。 7. 检查评分：根据评分标准给学生评出本课题成绩。 8. 课后小结：根据学生完成任务情况进行小结。 9. 课后任务：完成制作桃酥的任务卡。

课程名称	面点技术	课题名称	鲜肉大包	授课时数	节
授课日期	年　月　日		周次	第　周	
教学班级					
教材名称	《面点技术》				
教学方法	自学与指导结合，理论与实践结合。				
教学目的	1. 掌握生物膨松面团的调制方法，了解生物膨松面团的性质、特点。 2. 正确掌握面点制作的基本操作技法。 3. 学提捏的成形方法。 4. 掌握蒸制的技术要求。				
教学重点、难点	制坯调制方法，制馅技能，熟制技能。				

（2）制作鲜肉大包（见表3—5）

表3—5　　　　　　　　　　制作鲜肉大包

设备	蒸饭车、工作台。
工具	面杖、菜刀、面盆。
坯料	面粉500 g，常温水250 g，干酵母2.5 g左右，白糖少许。
馅料	猪夹心肉500 g，肉皮冻300 g，盐15 g，料酒20 g，生抽20 g，味精5 g，糖15 g，葱、姜末各5 g，胡椒粉2 g。
工艺流程	制馅 　　　　　　　　　　　　　↓ 和面→揉面→饧发→搓条→下剂→擀皮→上馅成形 　　　　　　　　　　　　　↓ 　　　　　　　　　　　　蒸制→装盘
原理	1. 面团性质：纯酵母发酵面团（膨松面团）。 2. 面团操作技法：和面，揉面，搓条，下剂，制皮。 3. 馅心种类：荤素馅（生馅）。 4. 上馅、成形方法：填入法、提捏法。 5. 成熟方法：蒸制。

续表

制作过程	1. 制馅 将肉绞成末,加入调料和适量水(占30%~40%),搅拌起胶,最后拌入皮冻末,成鲜肉馅,并放入冰箱冷藏。 2. 制坯 在面粉中加水、酵母、白糖等,采用调和法或拌和法和面,饧10 min后再采用揉面的调面手法将面团调匀调透,饧发1 h左右成大酵面,搓条,挖剂(50 g面粉下1个剂子),用小面杖擀成边薄、中间略厚、直径为8~10 cm的圆皮。 3. 成形 用填入法上馅(坯、馅比例为1:1),采用提捏的成形方法折褶成菊花形花纹。 4. 成熟 生坯上笼饧发片刻,待再次发起后用旺火蒸12~15 min,成熟后取出装盘,见右图。 

(3) 鲜肉大包制品质量评定(见表3—6)

表3—6　　　　　　　　鲜肉大包制品质量评定

工艺要点	1. 面团软硬要适度,酵面不宜太老,否则肉卤会被面吸掉,影响口感。 2. 要待生坯发起后蒸制,火力要旺,蒸汽要足,一气呵成。 3. 成形要统一,提褶要均匀,成形后馅应居中。 4. 挖剂动作要迅速,手四指指尖应紧靠在按剂条的手的虎口处,一般不需要转动。 5. 蒸制时用大火,掌握好时间,防夹生。 6. 水量要八分满,不宜过多或过少。 7. 成熟后要及时将制品下屉。
成品质量要求	色泽洁白,花纹清晰,质地松软,卤多鲜嫩。
灵活运用	包子面可制作的品种很多,馅心可以多变,可制成熟馅、素馅甜馅等。制豆沙包、麻蓉包、五仁包、三丁包等,也做各种火烧。
检查评比	学生可做出多种制品,互相评比,找出不足给出本课题的分数。
小结	通过本课题的学习,能熟练运用相关知识与操作技法完成鲜肉大包等大酵面制品的制作,并能灵活运用。
课后任务	完成制作桃酥的任务卡。

任务2　化学膨松面团的特点、调制方法与制作实例

一、任务内容

完成桃酥、棉花包的制作。

二、知识链接

1. 化学膨松面团的概念

把化学膨松剂掺入面团内,利用化学膨松剂的特性,使熟制的坯料具有膨松效果。

2. 化学膨松面团的分类

按膨松剂及面团性质不同进行分类:一是发粉类膨松剂(泡打粉、臭粉、小苏打等)调制的面团;二是利用矾、碱类膨松剂调制的面团。

3. 化学膨松面团的特点

酥松多空,质地酥脆。

4. 化学膨松面团成团的原理

当面团中掺入化学膨松剂后,产生一定量的气体。气体被面团中的组织包裹,使成品内部形成均匀的多空组织,达到膨大酥松的目的。

5. 影响化学膨松面团质量的因素

(1) 温度的影响。温度应控制在20~30℃之间,调面时必须使用冷水。

(2) 膨松剂的影响。几种膨松剂混合使用时,比例要恰当。

(3) 面团软硬的影响。小苏打、臭粉作为膨松剂的制品,面团应稍硬;而采用矾、碱、盐调制的面团应稍软,不宜太硬。

(4) 调制方法的影响。调制方法多采用叠面,不揉面,防止产生筋性,盐、碱、矾面团除外必须用捣面法并反复扎面。

6. 化学膨松面团的调制过程(以发粉膨松面团为例)

(1) 工艺流程:面粉＋发粉＋水＋辅料→和面→调面→成团。

(2) 原料要求:

1) 面粉:选用面筋含量少、中低筋性的面粉。

2) 发粉:主要有泡打粉、臭粉、小苏打等。

3) 辅料:种类很多,根据制品要求选配,常用的有蛋、油、糖、乳等,投量大。

(3) 用料比例:以面粉总量为计,糖为35%~55%,油为30%~50%,水、蛋为10%~35%,发粉总量为1.5%~3%。

(4) 调制要求:

①和面:采用调和法为主。

②饧面:一般不需饧面。

③调面:采用叠面的手法,不能反复调拌,防止面团起筋。

(5) 调制要领:

1) 正确投料,严格按照制品的配方要求。

2) 油、糖、水等原料要充分调匀(乳化)后再加粉和面。

3) 面团温度易低,22~30℃为宜。

4) 调面时间不宜过长。

三、制作实例

1. 桃酥的制作

(1) 制作桃酥培训教学计划(见表3—7)

表 3—7　　　　　　　　制作桃酥培训教学计划

要求	操作者应遵守操作规程，不要使用别人的刀具，更不能在现场乱挥刀具和工具，以免伤到其他操作者，应保持作业区环境卫生，养成文明的良好习惯，保持厨房内的安静，不得吐痰、乱扔杂物，注意个人卫生，勤洗澡，勤换衣服，勤剪指甲。
注意事项	1. 应对厨房设备及工具正常使用，用后清洗干净，会保养。 2. 杜绝一切违章操作，随意损坏设备工具现象。 3. 保持工作台及用具的卫生，地面无油水。 4. 按照制品操作规范使用原材料，避免过量及不足，严禁浪费行为。 5. 工具用后清洗干净，原材料无毒无害。 6. 避免对着食品打喷嚏及用手接触直接入口食品。 7. 餐用具消毒，把住病从口入关。 8. 有秩序地进行各环节制作。 9. 在工作中去卫生间时应脱换工作服，勤洗手。
教学准备	1. 分组 将全班学生分组，每组指定一名负责任、成绩较好的学生任小组长。 2. 布置课前任务 （1）教师提前一周给学生布置任务。 （2）学生利用课外时间以小组合作的方式进行调研，完成任务卡。 （3）教师提示学生通过以下方式进行调研： 1）查阅相关书籍。 2）网上查阅。 3）亲身到酒店、食品店面食柜台咨询。
教学组织流程	1. 检查完成情况：学生课前完成任务卡。 2. 提出问题：要求学生根据调研获得的相关知识，请同学进行讲解。 3. 导入新课：老师根据学生讲解情况导入新课。 4. 学习新课：老师进行总结讲解。 5. 演示操作：教师演示，学生观摩。 6. 实习操作：学生动手完成桃酥的制作，老师进行巡回指导。 7. 检查评分：根据评分标准给学生评出本课题成绩。 8. 课后小结：根据学生完成任务情况进行小结。 9. 课后任务：完成制作棉花包的任务卡。

课程名称	面点技术	课题名称	桃酥	授课时数	节
授课日期	年　　月　　日		周次		第　　周
教学班级					
教材名称	《面点技术》				
教学方法	自学与指导结合，理论与实践结合。				
教学目的	1. 掌握化学膨松面团的调制方法，了解化学膨松面团的性质、特点。 2. 正确掌握面点制作的基本操作技法。 3. 学会桃酥等成形的方法。 4. 掌握烤制的技术要求。				
教学重点、难点	制坯和熟制技能。				

(2) 制作桃酥（见表3—8）

表3—8　　　　　　　　　　　　制 作 桃 酥

设备	电烤箱、工作台。
工具	桃酥模子、刀。
坯料	面粉500 g，冻熟猪油250～275 g，臭粉2.5 g，白糖250～275 g。
配料	小苏打5 g，鸡蛋1只，核桃仁50 g。
工艺流程	和面→搓条→下剂→成形 　　　　　　　　　　↓ 　　　　　　　烤制→装盘
原理	1. 面团性质：发粉膨松面团（化学膨松面团）。 2. 面团操作技法：和面，搓条，下剂。 3. 成熟方法：烤制。
制作过程	1. 制馅 将核桃仁炸熟（断生即可），切成小粒。 2. 制坯 将白糖、猪油、鸡蛋先混合擦匀，倒入混有小苏打、臭粉的面粉中，采用调和法和面，直接擦面至面团匀透，搓条，切剂（50 g面粉下2个）。 3. 成形 将坯剂搓圆，中间挖一圆洞，用装入法加入熟核桃仁，也可将粉团压入模具内倒出即可。 4. 成熟 将生坯放入烤盘，入200℃左右的烤箱内烤至淡黄色，表面开裂，取出冷却、铲起装盘，见右图。

(3) 桃酥制品质量评定（见表3—9）

表3—9　　　　　　　　　　　桃酥制品质量评定

工艺要点	1. 面团要擦匀，但不能过头，否则将出现泻油现象。 2. 面团宜干硬，不能太软。 3. 成形时制品的凹形应慢慢捏出，防止破裂。
成品质量要求	色淡黄，开裂，花纹自然，口感酥香。
灵活运用	此面点为大众品种，主要变化是馅心的种类不同，除核桃仁外，还有花生仁、松子仁、瓜子仁、芝麻等，但制法基本相同。
检查评比	学生可选择馅心做制品，互相评比，找出不足，给出本课题的分数。
小结	通过本课题的学习，能熟练运用相关知识与操作技法完成桃酥等制品的制作，并能灵活运用。
课后任务	完成制作棉花包的任务卡。

2. 棉花包的制作

(1) 制作棉花包培训教学计划（见表3—10）

表3—10　　　　　　　　　　制作棉花包培训教学计划

要求	操作者应遵守操作规程，不要使用别人的刀具，更不能在现场乱挥刀具和工具，以免伤到其他操作者，应保持作业区环境卫生，养成文明的良好习惯，保持厨房内的安静，不得吐痰、乱扔杂物，注意个人卫生，勤洗澡，勤换衣服，勤剪指甲。
注意事项	1. 应对厨房设备及工具正常使用，用后清洗干净，会保养。 2. 杜绝一切违章操作，随意损坏设备工具的现象。 3. 保持工作台及用具的卫生，地面无油水。 4. 按照制品操作规范使用原材料，避免过量及不足，严禁浪费行为。 5. 工具用后清洗干净，原材料无毒无害。 6. 避免对着食品打喷嚏及用手接触直接入口食品。 7. 餐用具消毒，把住病从口入关。 8. 有秩序地进行各环节制作。 9. 在工作中去卫生间时应脱换工作服，勤洗手。
教学准备	1. 分组 将全班学生分组，每组指定一名负责任、成绩较好的学生任小组长。 2. 布置课前任务 （1）教师提前一周给学生布置任务。 （2）学生利用课外时间以小组合作的方式进行调研，完成任务卡。 （3）教师提示学生通过以下方式进行调研： 1）查阅相关书籍。 2）网上查阅。 3）亲身到酒店、食品店面食柜台咨询。
教学组织流程	1. 检查完成情况：学生课前完成任务卡。 2. 提出问题：要求学生根据调研获得的相关知识，请同学进行讲解。 3. 导入新课：老师根据学生讲解情况导入新课。 4. 学习新课：老师进行总结讲解。 5. 演示操作：教师演示，学生观摩。 6. 实习操作：学生动手完成棉花包的制作，老师进行巡回指导。 7. 检查评分：根据评分标准给学生评出本课题成绩。 8. 课后小结：根据学生完成任务情况进行小结。 9. 课后任务：完成制作清蛋糕的任务卡。

课程名称	面点技术	课题名称	棉花包	授课时数	节
授课日期	年　月　日		周次		第　周
教学班级					
教材名称	《面点技术》				
教学方法	自学与指导结合，理论与实践结合。				
教学目的	1. 掌握发粉膨松类面团的调制方法，了解其性质、特点。 2. 正确掌握面点制作的基本操作技法。 3. 学会调制发粉膨松面团方法。 4. 掌握蒸制的技术要求。				
教学重点、难点	制坯调制方法，熟制技能。				

(2) 棉花包制作（见表3—11）

表3—11　　　　　　　　　　棉花包制作

设备	蒸车、工作台。
工具	面盆、刀。
坯料	低筋面粉 500 g，糖粉或绵白糖 350 g，黄油 125 g，泡打粉 7.5 g，鸡蛋清 2 个，臭粉 3.5 g，牛奶 300 g，香草粉少许。
工艺流程	煮芡→和面→饧发→装屉→熟制 　　　　　　　　　　　↓ 　　　　　　　　　　　装盘
原理	1. 面团性质：发粉膨松类面团。 2. 面团操作技法：和面。 3. 成熟方法：蒸制。 4. 成形：模具成形。
制作过程	1. 制坯 将白糖、黄油、牛奶、蛋清等放入盆中，搅拌至糖溶化，再加入面粉等其他原料，采用搅面法，不需饧面，直接搅面，搅成较稀的面团。 2. 成形 将调好的面团用勺逐一倒入装有纸杯的模具中（装八分满）。 3. 熟制 将坯料连同模具一起放入笼屉中，用旺火蒸 12 min 左右，成熟后取出装盘，见右图。

(3) 棉花包制品质量评定（见表3—12）

表3—12　　　　　　　　　棉花包制品质量评定

工艺要点	1. 面团要调匀，糖要溶化。 2. 火力要旺，蒸汽要足。
成品质量要求	洁白松软，形似棉花，奶香甜润。
灵活运用	此品种在成形时，可在坯料中加入少量的熟甜馅，如豆沙馅、莲蓉馅、枣泥馅等，并可在其表面撒上少许红绿丝。
检查评比	学生做出制品互相评比，找出不足，给出本课题的分数。
小结	通过本课题的学习，能熟练运用相关知识与操作技法完成棉花包的制作，并能灵活运用。
课后任务	完成制作清蛋糕的任务卡。

任务3 物理膨松面团的特点、调制方法与制作实例

一、任务内容
完成清蛋糕的制作。

二、知识链接

1. 物理膨松面团的概念

物理膨松面团指,将鸡蛋或油脂高速搅打,利用鸡蛋或油脂中打进的气体,与面粉等原料混合调制成的面团。

2. 物理膨松面团的特点

柔软、松发、多孔均匀,呈海绵状,制作成品质地暄软,口味香甜,营养丰富。

3. 物理膨松面团的分类

物理膨松面团可分为蛋泡面团、蛋油面团。

4. 物理膨松面团的成团原理

利用鸡蛋蛋白良好的起泡性及固态油脂良好的可塑性和融合性,经高速搅拌打进并保护气体形成稳定的起泡。

5. 影响物理膨松面团质量的因素

影响物理膨松面团质量的主要因素有:黏度、油脂、pH值、温度、蛋白质量、搅拌速度。

6. 物理膨松面团的调制过程(以蛋泡面团为例)

(1) 工艺流程:蛋+糖→搅打→(加面粉)和面、调面→蛋泡面团。

(2) 原料要求:

1) 面粉:选用面筋含量少、筋性小的面粉。

2) 鸡蛋:新鲜的鸡蛋。

3) 辅料:乳化蛋糕油。

4) 糖:无杂质的白糖

(3) 用料比例:一般为鸡蛋500 g,白糖300~500 g,面粉300~500 g,盐3 g,蛋糕油10 g。

(4) 调制要求:和面和调面同时进行,采用搅和法和面,调拌均匀即可。

(5) 调制要领:

1) 正确投料,严格按照制品的配方要求。

2) 控制蛋液搅打的程度。

3) 调面拌粉动作要轻柔。

4) 调面时间不宜过长,防止起筋性。

三、清蛋糕的制作

1. 制作清蛋糕培训教学计划(见表3—13)

表 3—13　　　　　　　　　　制作清蛋糕培训教学计划

要求	操作者应遵守操作规程，不要使用别人的刀具，更不能在现场乱挥刀具和工具，以免伤到其他操作者，应保持作业区环境卫生，养成文明的良好习惯，保持厨房内的安静，不得吐痰、乱扔杂物，注意个人卫生，勤洗澡、勤换衣服、勤剪指甲。			
注意事项	1. 应对厨房设备及工具正常使用，用后清洗干净，会保养。 2. 杜绝一切违章操作，随意损坏设备工具的现象。 3. 保持工作台及用具的卫生，地面无油水。 4. 按照制品操作规范使用原材料，避免过量及不足，严禁浪费行为。 5. 工具用后清洗干净，原材料无毒无害。 6. 避免对着食品打喷嚏及用手接触直接入口食品。 7. 餐用具消毒，把住病从口入关。 8. 有秩序地进行各环节制作。 9. 在工作中去卫生间时应脱换工作服，勤洗手。			
教学准备	1. 分组 将全班学生分组，每组指定一名负责任、成绩较好的学生任小组长。 2. 布置课前任务 （1）教师提前一周给学生布置任务。 （2）学生利用课外时间以小组合作的方式进行调研，完成任务卡。 （3）教师提示学生通过以下方式进行调研： 1）查阅相关书籍。 2）网上查阅。 3）亲身到酒店、食品店面食柜台咨询。			
教学组织流程	1. 检查完成情况：学生课前完成任务卡。 2. 提出问题：要求学生根据调研获得的相关知识，请同学进行讲解。 3. 导入新课：老师根据学生讲解情况导入新课。 4. 学习新课：老师进行总结讲解。 5. 演示操作：教师演示，学生观摩。 6. 实习操作：学生动手完成清蛋糕的制作，老师进行巡回指导。 7. 检查评分：根据评分标准给学生评出本课题成绩。 8. 课后小结：根据学生完成任务情况进行小结。 9. 课后任务：完成制作层酥面团的任务卡。			
课程名称	面点技术	课题名称	清蛋糕	授课时数	节
授课日期	年　月　日		周次	第　周	
教学班级				
教材名称	《面点技术》			
教学方法	自学与指导结合，理论与实践结合。			
教学目的	1. 掌握物理膨松面团的调制方法、性质、特点。 2. 正确掌握蛋糕面坯的调制技法。 3. 学会蛋糕卷制等成形的方法。 4. 掌握蛋糕烤制的技术要求。			
教学重点、难点	蛋糕面坯的制作，蛋糕卷制方法，烤制技能。			

2. 制作清蛋糕（见表3—14）

表3—14　　　　　　　　　　　制作清蛋糕

设备	打蛋器、电烤箱、工作台。
工具	面杖、手勺、蛋糕模具、蛋糕刀。
坯料	低筋面粉600 g，白糖600 g，鸡蛋1 000 g，蛋糕油少许。
馅料	果酱少许，椰蓉少许。
工艺流程	鸡蛋+白糖打发→加蛋糕油→打发气泡→加面粉→搅拌均匀 ↓ 装入模具烤制→装盘
原理	1. 面团性质：物理膨松蛋泡面团（膨松面团中的一种）。 2. 面团操作技法：调制蛋泡面团。 3. 馅心种类：甜熟馅（熟馅中的一种）。 4. 成形方法：平铺法卷制。 5. 成熟方法：烤制。
制作过程	1. 制馅 果酱（学生自由选择）。 2. 制坯 将鸡蛋液加白糖后，用打蛋器高速搅打至气泡、发白，呈黏稠状，加入面粉，用搅面的手法轻轻将其调匀。 3. 成熟 (1) 将面坯倒入蛋糕模具，装七分满。 (2) 将面坯倒入刷上油垫上纸的烤盘。 (3) 放入180~200℃的烤箱中，烤至棕黄色，成熟后取出。 可根据需要，用切、卷或裱挤等成形手法，完成制品的造型。

3. 清蛋糕制品质量评定（见表3—15）

表3—15　　　　　　　　　　　清蛋糕制品质量评定

工艺要点	1. 用料比例合适，蛋要新鲜，以鸡蛋为好。 2. 搅打程度适当。 3. 成形要统一。 4. 调面速度要快，动作要轻。 5. 控制熟制温度，厚大的制品温度要低，薄而小的制品温度要高。 6. 烤箱要预热。 7. 掌握烤制时间。
成品质量要求	绵软细腻，口感香甜。
灵活运用	本蛋糕是蛋糕制品的基本坯料，各地比例不同。大家可查资料，进行操作练习，制作出不同风味、不同形状的制品。
检查评比	学生可做出多种制品，互相评比，找出不足，给出本课题的分数。
小结	通过本课题的学习，能熟练地运用相关知识与操作技法完成蛋糕制品的制作，并能灵活运用。
课后任务	完成制作层酥面团制品的任务卡。

模块四　层酥类面团制品制作

教学目的和要求：
使学生了解此面团的种类及特点，初步掌握酥皮的制作方法和注意事项，熟练进行此类品种的制作，提高学生自学能力。
教学内容：
1. 基本知识
(1) 层酥类面团的概念。
(2) 层酥类面团的分类。
(3) 层酥类面团的成团原理。
主要内容包括层酥面团（又分为酥心面团和酥皮面团）的成团原理、起层原理、调制过程。其中调制过程又包括制作工艺流程、原料要求、用料比例、调制要求、层酥面团分类、调制要领等相关知识。
2. 介绍枣泥盒子酥的制作方法
教学方法：
以学生自学为主，老师辅助讲授，共同完成教学任务。
相关知识：
面点技术、面点工艺学、烹调技术、成本核算。

一、任务内容
完成枣泥盒子酥的制作。
二、知识链接
1. 层酥类面团的概念
用面粉和油脂作为主要原料，先调制酥皮、酥心两块不同质感的面团，再将它们复合，经多次擀、叠、卷制成坯料有层次的酥心面点。
2. 层酥类面团的分类
分为水油面层酥类面团、蛋水面层酥类面团、酵面层酥类面团三类。
3. 层酥类面团的成团原理
(1) 酥心面团的成团原理：利用油脂的黏性和表面的张力与面粉混合，经反复擦面将面粉颗粒黏着在一起，从而形成面团。
(2) 酥皮面团的成团原理：它是以水、油、面粉为主要原料调制的面团。由于油的隔离作用而不能彼此黏结在一起形成大块面积，使面团弹性降低，可塑性和延伸性增强。
(3) 起层原理：水油面包住干油面经过复合叠卷后，使得两种面团互相叠排在一起，形成一定的有层次间隔的坯料，经加热后淀粉糊化形成片状组织，坯料的横截面出现了层次。

(4) 调制过程（以水油面层酥面团为例）。

1）工艺流程：

①面粉＋油＋水→和面→饧面→调面→酥皮面团→包酥→起层→成团。

②面粉＋油→和面→调面→酥心面团→包酥→起层→成团。

2）原料要求：

①面粉：选用面筋含量适中、筋性小的面粉。

②油脂：选用凝结性好的冷油，一般以熟的冻猪油为好。

③水：一般为常温水，如要提高坯料的酥性，则须用热水。

3）用料比例：

①干油酥面团：面粉 500 g，油为 250～275 g。

②水油酥面团：面粉 500 g，油为 100 g，水为 200～250 g。

③水油面和干油面的比例：一般是 3：2 或 1：1。

4）调制要求：

①和面：采用调和法为主。

②饧面：水油酥面团一般为 15 min 左右，干油酥面团不需饧面。

③调面：干油酥面团采用擦面的方法，水油酥面团采用揉面、摔面的方法。

④包酥：可采用大包酥和小包酥的方法。

⑤起酥：将包酥后的坯料折叠、卷筒，形成层次。

5）调制要领：

①干油酥的调制要领：

a. 要选择合适的油脂。

b. 控制粉、油的比例。

c. 面团要擦匀。

②水油酥面的调制要领：

a. 水油要充分搅匀。

b. 掌握粉、水、油三者的比例。

c. 水温、油温要适当。

d. 面团要均匀，并盖上湿布。

③起层要领：

a. 擀制时用力要均匀，使酥皮厚薄一致。

b. 擀制时干粉要尽量少用。

c. 所擀制的薄坯，厚薄要适当、均匀，卷叠要紧。

三、枣泥盒子酥制作

1. 制作枣泥盒子酥培训教学计划（见表 4—1）

表 4—1　　　　　　　　制作枣泥盒子酥培训教学计划

要求	操作者应遵守操作规程，不要使用别人的刀具，更不能在现场乱挥刀具和工具，以免伤到其他操作者，应保持作业区环境卫生，养成文明的良好习惯，保持厨房内的安静，不得吐痰、乱扔杂物，注意个人卫生，勤洗澡，勤换衣服，勤剪指甲。

续表

注意事项	1. 应对厨房设备及工具正常使用，用后清洗干净，会保养。 2. 杜绝一切违章操作，随意损坏设备工具的现象。 3. 保持工作台及用具的卫生，地面无油水。 4. 按照制品操作规范使用原材料，避免过量及不足，严禁浪费行为。 5. 工具用后清洗干净，原材料无毒无害。 6. 避免对着食品打喷嚏及用手接触直接入口食品。 7. 餐饮具消毒，把住病从口入关。 8. 有秩序地进行各环节制作。 9. 在工作中去卫生间时应脱换工作服，勤洗手。
教学准备	1. 分组 将全班学生分组，每组指定一名负责任、成绩较好的学生任小组长。 2. 布置课前任务 (1) 教师提前一周给学生布置任务。 (2) 学生利用课外时间以小组合作的方式进行调研，完成任务卡。 (3) 教师提示学生通过以下方式进行调研： 1) 查阅相关书籍。 2) 网上查阅。 3) 亲身到食品厂咨询。
教学组织流程	1. 检查完成情况：学生课前完成任务卡。 2. 提出问题：要求学生根据调研获得的相关知识，请同学进行讲解。 3. 导入新课：老师根据学生讲解情况导入新课。 4. 学习新课：老师进行总结讲解。 5. 演示操作：教师演示，学生观摩。 6. 实习操作：学生动手完成枣泥盒子酥的制作，老师进行巡回指导。 7. 检查评分：根据评分标准给学生互评出本课题成绩。 8. 课后小结：根据学生完成任务情况进行小结。 9. 课后任务：完成制作实性米粉类面团的任务卡。

课程名称	面点技术	课题名称	枣泥盒子酥	授课时数	节
授课日期	年 月 日		周次		第 周
教学班级					
教材名称	《面点技术》				
教学方法	自学与指导结合，理论与实践结合。				
教学目的	1. 掌握水油层酥面团的调制方法，了解其性质、特点。 2. 正确掌握水油层酥面团制作的基本操作技法。 3. 熟练进行包酥、破酥。 4. 掌握窝炸的技术要求。				
教学重点、难点	面团的调制，包酥、破酥和熟制技能。				

2. 制作枣泥盒子酥（见表 4—2）

表 4—2　　　　　　　　　　制作枣泥盒子酥

设备	炸锅、工作台。
工具	根据需要学生自己选择。
坯料	面粉 500 g，水 120 g，熟猪油 180 g。
馅料	学生自主选择。
工艺流程	和面→揉面→饧面→包酥、破酥→卷制→下剂→擀皮→包馅成形 ↓ 　　　　　　　　　　　　　　　　炸制→装盘
原理	1. 面团性质：水油层酥面团。 2. 面团操作技法：和面，揉面，包酥，破酥，下剂，制皮。 3. 馅心种类：学生自由选择。 4. 上馅、成形方法：填入法，扭捏法。 5. 成熟方法：炸制。
制作过程	1. 制馅 学生根据自己的选择分别制馅。 2. 制坯 将 250 g 面粉、120 g 水和 50 g 猪油采用调和法和水油酥面团，稍饧采用揉面、摔面的手法调匀，再用 250 g 面粉加 130 g 猪油用调和法和面，用擦面的手法调成干油酥面团。用小包酥的方法包酥后（水油面和干油面比例为 5∶4），用擀卷起层法使之成为圆筒形的坯料（直径为 3 cm），将坯料横切成圆坯（长 1 cm），竖立，轻擀成圆皮。 3. 成形 取一张皮涂上蛋液，用填入法上馅（坯、馅比例为 2∶1），盖上另一圆皮，封边后用扭捏的成形手法捏出绳状花边。 4. 成熟 用炸（油温 90～100℃）的熟制方法，下锅后待生坯浮出油面，窝炸至淡黄色，成熟后捞出装盘，见右图。

3. 枣泥盒子酥制品质量评定（见表 4—3）

表 4—3　　　　　　　　　枣泥盒子酥制品质量评定

工艺要点	1. 面团用料比例正确，并调匀、调透。 2. 擀坯要薄，卷坯要紧，少用干粉。 3. 动作熟练，制作迅速。 4. 油温适宜，防止散碎。

续表

成品质量要求	层次分明，纹路清晰呈圆形，花边整齐。
灵活运用	酥点的形状和馅心的材料可根据不同口味灵活调整，采用不同的熟制方法生产出不同风味的层酥类制品，如眉毛酥、鸳鸯酥、风车酥、火腿萝卜丝饼等，学生个人在完成课题后可根据学习情况自选操作其他品种。
检查评比	学生互相观摩，相互点评，找出问题和长处，打出本课题的分数。
小结	通过本课题的学习，能熟练地运用相关知识与操作技法完成层酥类制品的制作，并能灵活运用。
课后任务	完成制作实性米粉类面团制品的任务卡。

模块五　米类及米粉类面团制品制作

教学目的和要求：
通过学习使学生了解此面团的种类及其适应的品种特点，初步掌握米粉及米类品种的制作方法，提高学生自学能力。

教学内容：
1. 介绍米类及米粉类面团的概念。
2. 介绍米粉实性面团的概念、特点、成团原理、调制过程等相关知识与制作方法。
3. 介绍米粉膨松面团的概念、特点、种类、成团原理、调制过程等相关知识与制作方法。
4. 介绍米类面团的概念、分类、特点、成团原理、调制过程等相关知识与制作方法。

教学方法：
以学生自学为主，老师辅助讲授，共同完成教学任务。

相关知识：
面点技术、面点工艺学、烹调技术、成本核算、原料加工。

任务1　实性面团的特点、调制方法与制作实例

一、任务内容
制作枣泥麻球、麻蓉汤圆。

二、知识链接
1. 实性面团的概念

实性面团指米粉掺入（有的加入少量辅料）所调制成具有坚实、黏糯的面团。

2. 实性面团的成团原理

由于米粉中的淀粉受热糊化产生黏性经调制成团。

3. 实性面团的调制过程

（1）生粉团。

1）工艺流程：米粉＋辅料＋水→烫粉或煮芡→和面→调面→成团。

2）原料要求：

①米粉：糯米和粳米粉的混合粉比例一般为4∶1到3∶2之间。

②水：煮芡用常温水，烫粉用沸水。

③辅料：一般数量较少，有的加入少量面粉、澄粉、白糖、油等。

3）用料比例：以米粉总量为计，沸水为20%～30%，冷水为40%～60%，面粉为10%左右，澄粉为15%左右。

4) 调制要求：

①烫粉：500 g 干粉用 125 g 沸水冲入。

②煮芡：1/3 的米粉冷水和团，投入沸水中煮熟成芡。

③和面：采用搅和法和调和法相结合完成。

④饧面：一般不需饧面。

⑤调面：采用擦面、揉面结合，以擦面为主。

5) 调制要领：

①掌握烫粉、煮芡量的比例。

②控制粉和水的比例，掌握面团的软硬。

③面团要趁热调匀。

(2) 熟粉团。

1) 工艺流程：米粉＋水→和面→蒸制→调面→成团。

2) 原料要求：

①米粉：为糯米和粳米粉的混合粉，比例一般为 4：1～3：2。

②水：用常温水。

3) 用料比例：以米粉总量为计，水占 30% 左右。

4) 调制要求：

①和面：采用拌和法。

②蒸制：垫上笼布，撒入粉团，旺火加热。

③调面：采用捣面、揉面结合，以捣面为主，要求趁热调面。

5) 调制要领：

①掺水量要准确。

②蒸制时要用猛气，一次成熟。

③蒸熟后要趁热调匀成团。

三、制作实例

1. 枣泥麻球的制作

(1) 制作枣泥麻球培训教学计划（见表 5—1）

表 5—1　　　　　　　　　制作枣泥麻球培训教学计划

要求	操作者应遵守操作规程，不要使用别人的刀具，更不能在现场乱挥刀具和工具，以免伤到其他操作者，应保持作业区环境卫生，养成文明的良好习惯，保持厨房内的安静，不得吐痰、乱扔杂物，注意个人卫生，勤洗澡，勤换衣服，勤剪指甲。
注意事项	1. 应对厨房设备及工具正常使用，用后清洗干净，会保养。 2. 杜绝一切违章操作，随意损坏设备工具的现象。 3. 保持工作台及用具的卫生，地面无油水。 4. 按照制品操作规范使用原材料，避免过量及不足，严禁浪费行为。 5. 工具用后清洗干净，原材料无毒无害。 6. 避免对着食品打喷嚏及用手接触直接入口食品。 7. 餐用具消毒，把住病从口入关。 8. 有秩序地进行各环节制作。 9. 在工作中去卫生间时应脱换工作服，勤洗手。

教学准备	1. **分组** 将全班学生分组，每组指定一名负责任、成绩较好的学生任小组长。 2. **布置课前任务** (1) 教师提前一周给学生布置任务。 (2) 学生利用课外时间以小组合作的方式进行调研，完成任务卡。 (3) 教师提示学生通过以下方式进行调研： 1) 查阅相关书籍。 2) 网上查阅。 3) 亲身到酒店、食品店面食柜台咨询。
教学组织流程	1. 检查完成情况：学生课前完成任务卡。 2. 提出问题：要求学生根据调研获得的相关知识，请同学进行讲解。 3. 导入新课：老师根据学生讲解情况导入新课。 4. 学习新课：老师进行总结讲解。 5. 演示操作：教师演示，学生观摩。 6. 实习操作：学生动手完成枣泥麻球的制作，老师进行巡回指导。 7. 检查评分：根据评分标准给学生评出本课题成绩。 8. 课后小结：根据学生完成任务情况进行小结。 9. 课后任务：完成制作麻蓉汤圆的任务卡。

课程名称	面点技术	课题名称	枣泥麻球	授课时数	节
授课日期	年 月 日		周次		第 周
教学班级					
教材名称	《面点技术》				
教学方法	自学与指导结合，理论与实践结合。				
教学目的	1. 掌握米粉类面团的调制方法，了解其性质、特点。 2. 正确掌握面点制作的基本操作技法。 3. 学会调制实性米粉面团方法。 4. 掌握炸制的技术要求。				
教学重点、难点	制坯调制方法，熟制技能。				

(2) 制作枣泥麻球（见表5—2）

表5—2　　　　　　　　　　制作枣泥麻球

设备	灶台、工作台。
工具	面杖、面盆、竹筷、炸锅。
坯料	糯米粉 500 g，冷水 250 g，热水 50 g，白糖 50 g，面粉 50 g。
馅料	熟甜馅、枣泥、豆沙馅、芝麻适量。
工艺流程	和面→揉面→饧发→搓条→下剂→捏皮→上馅成形 　　　　　　　　　　　　　　　　　制馅↗　　　↓ 　　　　　　　　　　　　　　　　　　　　　炸制→装盘

续表

原理	1. 面团性质：实性面团（米粉类面团中的一种）。 2. 面团操作技法：和面，揉面，搓条，下剂，制皮。 3. 馅心种类：熟甜馅（熟馅中的一种）。 4. 上馅、成形方法：填入法，包搓成形。 5. 成熟方法：炸制。
制作过程	1. 制馅 制枣泥、豆沙馅。 2. 制坯 将糯米粉、面粉、白糖混合后，先加热水，后加冷水，采用搅和法和面，再采用揉面、擦面的调面手法将面团调匀。静置片刻后（使糖溶解）搓条，切剂（也可以采用拉剂，50 g 面粉下 2 个剂子），捏内凹形坯皮。 3. 成形 用填入法上馅（坯、馅比例为 2∶1），采用先包后搓的成形方法制成球形，并粘上芝麻。 4. 成熟 采用炸的熟制方法（下锅油温为 70～80℃），窝炸至棕黄色，成熟后捞出装盘，见右图。

(3) 枣泥麻球制品质量评定（见表 5—3）

表 5—3　　　　　　　　枣泥麻球制品质量评定

工艺要点	1. 面团软硬要适度。硬的面团包捏成形较困难，且熟制时易爆裂；软的面团包捏成形后易变形。 2. 掌握火候，控制油温，应逐渐升温，成品才能膨胀。 3. 火力不宜过大。
成品质量要求	色泽棕黄，外脆里糯。
灵活运用	此品种为大众面点，坯料的用料比例各地均有不同。其中广式风味的坯料为糯米粉中加入 15%～20% 的澄粉面团、猪油 15%、白糖 20%、水 50%；有的坯料是单用糯米粉加 10% 左右的糖加水调制而成。所用馅一般为甜馅。
检查评比	学生可选用多种馅料做制品，做出制品互相评比，找出不足，给出本课题的分数。
小结	通过本课题的学习，能熟练运用相关知识与操作技法完成麻球的制作，并能灵活运用。
课后任务	完成制作麻蓉汤圆的任务卡。

2. 麻蓉汤圆的制作

(1) 制作麻蓉汤圆培训教学计划（见表 5—4）

表 5—4　　　　制作麻蓉汤圆培训教学计划

要求	操作者应遵守操作规程,不要使用别人的刀具,更不能在现场乱挥刀具和工具,以免伤到其他操作者,应保持作业区环境卫生,养成文明的良好习惯,保持厨房内的安静,不得吐痰、乱扔杂物,注意个人卫生,勤洗澡,勤换衣服,勤剪指甲。
注意事项	1. 应对厨房设备及工具正常使用,用后清洗干净,会保养。 2. 杜绝一切违章操作,随意损坏设备工具的现象。 3. 保持工作台及用具的卫生,地面无油水。 4. 按照制品操作规范使用原材料,避免过量及不足,严禁浪费行为。 5. 工具用后清洗干净,原材料无毒无害。 6. 避免对着食品打喷嚏及用手接触直接入口食品。 7. 餐用具消毒,把住病从口入关。 8. 有秩序地进行各环节制作。 9. 在工作中去卫生间时应脱换工作服,勤洗手。
教学准备	1. 分组 将全班学生分组,每组指定一名负责任、成绩较好的任小组长。 2. 布置课前任务 (1) 教师提前一周给学生布置任务。 (2) 学生利用课外时间以小组合作的方式进行调研,完成任务卡。 (3) 教师提示学生通过以下方式进行调研: 1) 查阅相关书籍。 2) 网上查阅。 3) 亲身到酒店、食品店面食柜台咨询。
教学组织流程	1. 检查完成情况:学生课前完成任务卡。 2. 提出问题:要求学生根据调研获得的相关知识,请同学进行讲解。 3. 导入新课:老师根据学生讲解情况导入新课。 4. 学习新课:老师进行总结讲解。 5. 演示操作:教师演示,学生观摩。 6. 实习操作:学生动手完成麻蓉汤圆的制作,老师进行巡回指导。 7. 检查评分:根据评分标准给学生评出本课题成绩。 8. 课后小结:根据学生完成任务情况进行小结,完成本课题任务卡。 9. 课后任务:完成制作米粉膨松面团的任务卡。

课程名称	面点技术	课题名称	麻蓉汤圆	授课时数	节
授课日期	年　月　日		周次	第　周	
教学班级					
教材名称	《面点技术》				
教学方法	自学与指导结合,理论与实践结合。				
教学目的	1. 掌握实性米粉面团的调制方法,了解其性质、特点。 2. 正确掌握面点制作的基本操作技法。 3. 学会汤圆成形的方法。 4. 掌握煮制的技术要求。				
教学重点、难点	制坯,制馅,成形,熟制技能。				

(2) 制作麻蓉汤圆（见表 5—5）

表 5—5　　　　　　　　　　　　　制作麻蓉汤圆

设备	灶台、工作台。
工具	面盆、刀。
坯料	水磨米粉（沥干水分）500 g，冷水 30 g。
馅料	生甜馅，黑芝麻 100 g，生猪板油 150 g，绵白糖 200 g。
工艺流程	制馅 ↓ 和面→搓条→下剂→制皮→成形 ↓ 煮制→装盘
原理	1. 面团性质：实性米粉面团（米粉类面团中的一种）。 2. 面团操作技法：和面，拉剂，制皮。 3. 成熟方法：煮制。
制作过程	1. 制馅 将芝麻炒熟后擀压成细末，板油去膜剁成蓉，与芝麻粉、白糖等一起擦、拌均匀成麻蓉馅。 2. 制坯 取糯米粉 150 g 加冷水调成块，煮芡后放入剩余糯米粉，采用搅和法和面，并用擦面、揉面的调面手法将其调匀，拉剂（50 g 面粉下 6 个）后，捏皮成内凹形坯皮。 3. 成形 用填入法上馅（坯、馅比例为 1∶1），采用先包后搓的成形方法制成球形。 4. 成熟 采用煮的熟制法，并点水 3～5 次，待制品成熟后浮出水面，捞出装碗中（另加开水），见右图。

(3) 麻蓉汤圆制品质量评定（见表 5—6）

表 5—6　　　　　　　　　　　麻蓉汤圆制品质量评定

工艺要点	1. 所用的水磨粉干湿适宜。 2. 煮芡的比例合适。 3. 馅要居中，表面光洁。 4. 掌握熟制时间，断生即可。
成品质量要求	滑糯细腻，香甜油润。
灵活运用	此面点为大众品种，主要变化是馅心的种类不同，还有糖馅、豆沙馅、莲蓉馅、枣泥馅等，但制法基本相同。此外，将成形后的生坯煮熟后滚上熟的赤豆粉、黄豆粉等，可制成擂沙团，也可滚上椰蓉成椰蓉球。
检查评比	学生可选择馅心做制品，互相评比，找出不足，给出本课题的分数。
小结	通过本课题的学习，能熟练运用相关知识与操作技法完成汤圆等制品的制作，并能灵活运用。
课后任务	完成制作米粉膨松面团的任务卡。

任务2 米粉膨松面团的特点、调制方法与制作实例

一、任务内容

完成棉花糕的制作。

二、知识链接

1. 米粉膨松面团的概念

米粉膨松面团指米粉中加入膨松剂（酵母、泡打粉）、水、糕肥、枧水及糖水等辅料，或用筛粉工艺调制而成的面团。

米粉膨松面团可制成松软可口的膨松制品，如著名的广式棉花糕、黄松糕、方糕、定胜糕等。

2. 米粉膨松面团的分类

按用途剂调制方法不同，分为生化膨松面团和物理膨松面团。

3. 米粉膨松面团的成团原理

（1）生化膨松面团：由于米粉中糖分不足，没有类似面筋的物质，不能保持气体，所以加热后，面团不易达到膨松的目的，米粉面团一般不易调制此面团。籼米淀粉的含量接近于面粉，可利用糕肥和化学膨松剂受热分解产生二氧化碳等气体，通过油一定黏性的粉团将产生的气体保护起来，使面团达到体积膨松的状态。

（2）物理膨松面团：主要通过筛粉工艺来实现粉团的膨松。

4. 米粉膨松面团的调制过程

（1）生化膨松面团的调制过程。

1）工艺流程：米粉（10%～20%）＋水→煮芡→晾凉＋其余米粉＋糕肥→和面→调面→饧发→加糖、枧水和泡打粉→调面→成团。

2）原料要求：

①米粉：为籼米粉，浸泡3 h后磨成米浆，装布袋后压干水分。

②枧水：从草木灰中提取，经化合成的物质，化学性质与纯碱相似。

③糕肥：即前次发酵后的剩余糕粉团。

④糖：主要提供酵母菌繁殖发酵的养料。

3）用料比例：以籼米粉百斤为计，水为50%左右，泡打粉为1%左右，糕肥为10%左右，枧水为0.2%左右，蛋清少许。

4）调制要求：

①煮芡。取10%的米粉浆加2倍水，煮成熟糊。

②和面。采用拌和法将米浆、熟芡、糕肥等拌匀。

③饧面。时间较长，夏天为6～8 h，冬天10～12 h，以起发并稍有酸味为准。

④调面。采用擦面、搅面调匀面团，适当静置。

5）调制要领：

①糕肥用量应随气温进行调整，夏天少，冬天多。

②采用煮芡的方法,控制粉浆的稀稠程度。
③发酵时应加盖。
(2) 物理膨松面团的调制过程。
1) 工艺流程:米粉+水(或糖浆)→和面(拌粉)→静置→筛粉→蒸制→成团。
2) 原料要求:
①米粉:为糯米和粳米粉的混合粉,比例一般为1:1。
②水:用常温水。
③糖浆:加水溶解并冷却,一般500 g糖加250 g水,煮制糖液泛起大泡即可。
3) 用料比例:米粉和水或糖浆的比例为1:0.3。
4) 调制要求:
①和面。采用拌和法,拌匀搓透成松散的粉团。
②静置。主要为糖浆粉团的静置,夏天30 min,冬天2 h。
③筛粉。粉团放入筛(12~14眼粗粉筛)中,边擦边筛,使粉粒自然飘落,调制的坯料要求平整。
④蒸制。使用旺火,一气呵成。
5) 调制要领:
①掌握粉料的掺和比例,根据制品要求而定。
②严格控制掺水量。
③粉要拌均匀,适当静置。
④筛粉时要用力推擦,使粉料均匀地自由坠落,形成较松散的粉团。

三、棉花糕的制作

1. 制作棉花糕培训教学计划(见表5—7)

表5—7 制作棉花糕培训教学计划

要求	操作者应遵守操作规程,不要使用别人的刀具,更不能在现场乱挥刀具和工具,以免伤到其他操作者,应保持作业区环境卫生,养成文明的良好习惯,保持厨房内的安静,不得吐痰、乱扔杂物,注意个人卫生,勤洗澡,勤换衣服,勤剪指甲。
注意事项	1. 应对厨房设备及工具正常使用,用后清洗干净,会保养。 2. 杜绝一切违章操作、随意损坏设备工具的现象。 3. 保持工作台及用具的卫生,地面无油水。 4. 按照制品操作规范使用原材料,避免过量及不足,严禁浪费行为。 5. 工具用后清洗干净,原材料无毒无害。 6. 避免对着食品打喷嚏及用手接触直接入口食品。 7. 餐用具消毒,把住病从口入关。 8. 有秩序地进行各环节制作。 9. 在工作中去卫生间时应脱换工作服,勤洗手。

教学准备	1. 分组 将全班学生分组，每组指定一名负责任、成绩较好的学生任小组长。 2. 布置课前任务 (1) 教师提前一周给学生布置任务。 (2) 学生利用课外时间以小组合作的方式进行调研，完成任务卡。 (3) 教师提示学生通过以下方式进行调研： 1) 查阅相关书籍。 2) 网上查阅。 3) 亲身到酒店、食品店面食柜台咨询。
教学组织流程	1. 检查完成情况：学生课前完成任务卡。 2. 提出问题：要求学生根据调研获得的相关知识，请同学进行讲解。 3. 导入新课：老师根据学生讲解情况导入新课。 4. 学习新课：老师进行总结讲解。 5. 演示操作：教师演示，学生观摩。 6. 实习操作：学生动手完成棉花糕的制作，老师进行巡回指导。 7. 检查评分：根据评分标准给学生评出本课题成绩。 8. 课后小结：根据学生完成任务情况进行小结。 9. 课后任务：完成制作八宝饭的任务卡。

课程名称	面点技术	课题名称	棉花糕	授课时数	节
授课日期	年 月 日		周次	第 周	
教学班级					
教材名称	《面点技术》				
教学方法	自学与指导结合，理论与实践结合。				
教学目的	1. 掌握膨松米粉类面团的调制方法，了解其性质、特点。 2. 正确掌握面点制作的基本操作技法。 3. 学会调制膨松米粉面团方法。 4. 掌握蒸制的技术要求。				
教学重点、难点	制坯调制方法，熟制技能。				

2. 制作棉花糕（见表 5—8）

表 5—8　　　　　　　　　　制作棉花糕

设备	蒸车、工作台。
工具	面盆、刀。
坯料	水磨籼米粉（沥干水分）500 g，冷水 200 g，白糖 200 g，糕肥 50 g，泡打粉 5 g，枧水 1 g。
工艺流程	煮芡→和面→饧发→装屉→熟制 　　　　　　　　　↓ 　　　　　　　　装盘

续表

原理	1. 面团性质：生化膨松面团（米粉类面团中的一种）。 2. 面团操作技法：和面。 3. 成熟方法：蒸制。 4. 成形：切制成形。
制作过程	1. 制坯 将糯米粉 50 g 加水 100 g，煮成稀糊的熟芡，晾凉，加入剩余的米粉、水及糕肥，采用搅和法和面，调匀后静置饧发 8～10 h，再放入糖、泡打粉、枧水等搅面成团。 2. 成熟 将调好的面团倒入垫有湿布的笼内，采用蒸的熟制方法，用旺火蒸 20～30 min 成熟后取出。 3. 成形 将冷却后的坯料，用刀切成一定的形状即可。

3. 棉花糕制品质量评定（见表 5—9）

表 5—9　　　　　　　　棉花糕制品质量评定

工艺要点	1. 要选用优质大米。 2. 掌握煮芡的比例。煮芡量多，则口感不爽；煮芡量少，则膨松程度小且松散。 3. 掌握饧发时间，蒸制采用大火。
成品质量要求	色泽洁白，膨松绵软，口感香甜有弹性。
灵活运用	此品种为广式风味面点，是采用生物发酵和化学膨松相结合的方法使面团膨松。主要变化是面团用料比例的不同，但制作过程基本一致。
检查评比	学生做出制品互相评比，找出不足，给出本课题的分数。
小结	通过本课题的学习，能熟练地运用相关知识与操作技法完成棉花糕的制作，并能灵活运用。
课后任务	完成制作八宝饭的任务卡。

任务 3　米类面团的特点、调制方法与制作实例

一、任务内容

制作八宝饭、皮蛋瘦肉粥。

二、知识链接

1. 米类面团的概念

米类面团是以糯米、粳米为主，淘洗后直接调味，或经蒸煮成粒状，或趁热捣成泥粉状，再配以辅助料而制成团。米类面团可制作八宝饭、粥及糕类制品。

2. 米类面团的分类及成团原理

米类面团按用料及调制方法可分为以下 3 类：

(1) 粒状面团：米经加水、调味、熟制成饭、粥等进行制作形成的面团。米粒清香、软糯，加入各种辅料后，制品色彩悦目，口味鲜美，营养丰富。

(2) 泥状面团：将米先煮、蒸成熟，再将其调成团，如粉果、糯米凉糕、打糕等，香甜软糯，黏润适口。

(3) 成团原理：当米粉经高温蒸煮熟制后，米粒产生淀粉糊化，经调制，颗粒间相互黏着，或经捣擦使之成为粒状的面团。

3. 米类面团的调制过程

(1) 粒状面团。

1) 工艺流程：米浸泡→蒸或煮→拌制（加调料、辅料或馅）→成团。

2) 原料要求：米形体完整，无虫蛀、发霉，质量好为标准。

3) 辅助料：有糖、油、盐、味精及相关的馅，如豆沙馅、鲜肉、蜜饯、果仁、干果等。

4) 用料比例：因品种而定，但一般突出主料。

5) 调制要求：

①浸泡。用冷水浸没米粒，时间为2 h左右，冬长夏短。

②蒸煮。加水量要适当。

③调面。一般趁热加料拌和。

6) 调制要领：

①米粒浸泡，使米粒自然膨胀即可。

②蒸煮时，加水量要适当。开始用旺火煮，沸腾后改小火焖透。蒸时用旺火一次蒸熟。

(2) 泥状面团。

1) 工艺流程：米浸泡→蒸制→捣成泥→成团。

2) 原料要求：选用优质糯米，辅料和调料的选用要与制品的质感和口味要求相适应。

3) 用料比例：加水量的多少应根据制品对米粒软糯度的要求和米质种类而定。饭粒要求松爽则少加；饭粒需要软糯则多加。糯米要少加，粳米、籼米要适当加水。如果加水过多，蒸出的米饭过于软糯，影响成品口感，且制作的糕团不易保持良好形态；如果加水过少，易造成饭粒过硬，不爽口。一般来说，500 g糯米与450 g水混合，一起倒入盆中，蒸熟。

4) 调制要求：

①浸泡。用冷水浸没米粒2 h以上。

②蒸煮。要求水量合适，火大气足。

③调面。采用捣面、擦面相结合，反复扎面。

5) 调制要领：

①掺水量要准确，米要蒸烂。

②出锅后要趁热捣揉成团。

三、制作实例

1. 八宝饭的制作

(1) 制作八宝饭培训教学计划（见表5—10）

表 5—10　制作八宝饭培训教学计划

要求	操作者应遵守操作规程，不要使用别人的刀具，更不能在现场乱挥刀具和工具，以免伤到其他操作者，应保持作业区环境卫生，养成文明的良好习惯，保持厨房内的安静，不得吐痰、乱扔杂物，注意个人卫生，勤洗澡、勤换衣服，勤剪指甲。
注意事项	1. 应对厨房设备及工具正常使用，用后清洗干净，会保养。 2. 杜绝一切违章操作和随意损坏设备工具的现象。 3. 保持工作台及用具的卫生，地面无油水。 4. 按照制品操作规范使用原材料，避免过量及不足，严禁浪费行为。 5. 工具用后清洗干净，原材料无毒无害。 6. 避免对着食品打喷嚏及用手接触直接入口食品。 7. 餐用具消毒，把住病从口入关。 8. 有秩序地进行各环节制作。 9. 在工作中去卫生间时应脱换工作服，勤洗手。
教学准备	1. 分组 将全班学生分组，每组指定一名负责任、成绩较好的学生任小组长。 2. 布置课前任务 (1) 教师提前一周给学生布置任务。 (2) 学生利用课外时间以小组合作的方式进行调研，完成任务卡。 (3) 教师提示学生通过以下方式进行调研： 1) 查阅相关书籍。 2) 网上查阅。 3) 亲身到酒店、食品店面食柜台咨询。
教学组织流程	1. 检查完成情况：学生课前完成任务卡。 2. 提出问题：要求学生根据调研获得的相关知识，请同学进行讲解。 3. 导入新课：老师根据学生讲解情况导入新课。 4. 学习新课：老师进行总结讲解。 5. 演示操作：教师演示，学生观摩。 6. 实习操作：学生动手完成八宝饭等的制作，老师进行巡回指导。 7. 检查评分：根据评分标准给学生评出本课题成绩。 8. 课后小结：根据学生完成任务情况进行小结。 9. 课后任务：完成制作皮蛋瘦肉粥的任务卡。

课程名称	面点技术	课题名称	八宝饭	授课时数	节
授课日期	年　月　日		周次		第　周
教学班级					
教材名称	《面点技术》				
教学方法	自学与指导结合，理论与实践结合。				
教学目的	1. 掌握米类面团的调制方法，了解其性质、特点。 2. 正确掌握面点制作的基本操作技法。 3. 学会制作米类制品的方法。 4. 掌握熟制的技术及成形要求。				
教学重点、难点	调制方法，熟制技能，成形方法。				

(2) 制作八宝饭（见表5—11）

表5—11　　　　　　　　　　　制作八宝饭

设备	蒸车、工作台。
工具	面盆、碗。
坯料	糯米500 g，白糖200 g，熟猪油75 g。
配料	蜜枣、冬瓜糖、通心莲子各25 g，桂圆肉、松子仁、瓜子仁各15 g，青梅5个，豆沙适量。
工艺流程	淘米→蒸制→制馅→码摆→熟制 　　　　　　　　　　　　↓ 　　　　　　　　　　　装盘
原理	1. 面团性质：粒状面团（米类面团中的一种）。 2. 面团操作技法：和面。 3. 成熟方法：蒸制。 4. 成形：码摆成形。
制作过程	1. 制馅 豆沙馅可购买。将蜜枣去核，莲子蒸熟，冬瓜糖切成丁，青梅去核切成片。 2. 制坯 将糯米洗净，加水浸泡2 h后捞出，上笼蒸30 min左右至成熟，取出，加糖、油，采用搅和法和面。 3. 成形 取碗（碗内涂猪油），将经加工的果料由大至小从碗底向碗边一圈圈整齐排列（注意色泽的搭配），然后取适量调好的糯米饭团放入碗中（占1/3）按实（中间稍凹），再放入适量的豆沙馅和等量的糯米饭团，按实至碗口相平。 4. 成熟 将成形的八宝饭连同碗一起上笼，用旺火蒸约30 min，使糖、油溶化在米饭中，取出，倒扣在盘中，取下碗，浇上煮好的糖芡（糖加水煮开勾芡而成），见右图。

(3) 八宝饭制品质量评定（见表5—12）

表5—12　　　　　　　　　八宝饭制品质量评定

工艺要点	1. 米浸涨后，蒸制过程中可洒上少许水。 2. 米饭装碗成形时，应防止破坏碗内的配料图案。 3. 成形后的坯料要蒸透入味。
成品质量要求	甜糯油润，色泽鲜艳。
灵活运用	此品种为江浙一带的风味面点，主要变化是坯料中添加的辅料及成形不同，形成不同的特色。
检查评比	学生做出制品后互相评比，找出不足，给出本课题的分数。
小结	通过本课题的学习，能熟练运用相关知识与操作技法完成八宝饭的制作，并能灵活运用。
课后任务	完成制作皮蛋瘦肉粥的任务卡。

2. 皮蛋瘦肉粥的制作

(1) 制作皮蛋瘦肉粥培训教学计划（见表5—13）

表5—13 　　　　　　　　　　　制作皮蛋瘦肉粥培训教学计划

要求	操作者应遵守操作规程，不要使用别人的刀具，更不能在现场乱挥刀具和工具，以免伤到其他操作者，应保持作业区环境卫生，养成文明的良好习惯，保持厨房内的安静，不得吐痰、乱扔杂物，注意个人卫生，勤洗澡，勤换衣服，勤剪指甲。
注意事项	1. 应对厨房设备及工具正常使用，用后清洗干净，会保养。 2. 杜绝一切违章操作和随意损坏设备工具的现象。 3. 保持工作台及用具的卫生，地面无油水。 4. 按照制品操作规范使用原材料，避免过量及不足，严禁浪费行为。 5. 工具用后清洗干净，原材料无毒无害。 6. 避免对着食品打喷嚏及用手接触直接入口食品。 7. 餐用具消毒，把住病从口入关。 8. 有秩序地进行各环节制作。 9. 在工作中去卫生间时应脱换工作服，勤洗手。
教学准备	1. 分组 将全班学生分组，每组指定一名负责任、成绩较好的学生任小组长。 2. 布置课前任务 (1) 教师提前一周给学生布置任务。 (2) 学生利用课外时间以小组合作的方式进行调研，完成任务卡。 (3) 教师提示学生通过以下方式进行调研： 1) 查阅相关书籍。 2) 网上查阅。 3) 亲身到酒店、食品店面食柜台咨询。
教学组织流程	1. 检查完成情况：学生课前完成任务卡。 2. 提出问题：要求学生根据调研获得的相关知识，请同学进行讲解。 3. 导入新课：老师根据学生讲解情况导入新课。 4. 学习新课：老师进行总结讲解。 5. 演示操作：教师演示，学生观摩。 6. 实习操作：学生动手完成皮蛋瘦肉粥的制作，老师进行巡回指导。 7. 检查评分：根据评分标准给学生评出本课题成绩。 8. 课后小结：根据学生完成任务情况进行小结。 9. 课后任务：完成制作虾饺的任务卡。
课程名称	面点技术 　　　课题名称　皮蛋瘦肉粥　　　授课时数　　节
授课日期	年　　月　　日　　　　周次　　　第　　周
教学班级	
教材名称	《面点技术》
教学方法	自学与指导结合，理论与实践结合。
教学目的	1. 掌握米类面团的调制方法，了解其性质、特点。 2. 正确掌握面点制作的基本操作技法。 3. 学会制作米类制品的方法。 4. 掌握熟制的技术及成形要求。
教学重点、难点	调制方法，熟制技能。

(2) 制作皮蛋瘦肉粥（见表 5—14）

表 5—14　　　　　　　　　　　制作皮蛋瘦肉粥

设备	煮锅、工作台。
工具	面盆、碗、刀。
坯料	白米（粳米）350 g，清水 2 000 g，熟猪油 75 g。
配料	瘦猪肉 500 g，皮蛋 3 个，麦片 50 g，腐竹 40 g，生油 75 g，精盐 35 g，味精 12 g。
工艺流程	制馅 　　　　　　　↓ 淘米→煮制→熟制 　　　　　　　↓ 　　　　　　　装盘
原理	1. 面团性质：粒状面团（米类面团中的一种）。 2. 成熟方法：煮制。
制作过程	1. 制馅（配料） 先将肉切成两块，用 25 g 盐擦匀后放入冰箱内，腌制 12 h 取出洗净；皮蛋去壳切成粗粒；腐竹用温水浸泡 20 min 后切成段。 2. 制坯（熟制） 将米洗净后用 10 g 盐、40 g 生油拌匀，待煮锅内的水煮沸后投入。煮制 20 min 后，加水腐竹、咸瘦肉、麦片、生油和一半皮蛋粒，继续用旺火煮 15 min 再改用小火煮 1 h，至米粒糜烂、水米融合、浓稠为止。 3. 成形 将粥和调料一起拌匀后装入碗中，另将煮熟的肉撕成细丝，皮蛋粒稍煮后撒在粥的上面即可（食时拌匀），见右图。

(3) 皮蛋瘦肉粥制品质量评定（见表 5—15）

表 5—15　　　　　　　　　　皮蛋瘦肉粥制品质量评定

工艺要点	1. 煮粥时应先用大火煮沸，再改用小火煮烂。 2. 煮制过程中一般不宜添加冷水。 3. 注意馅料的投料顺序，口味咸淡适宜。
成品质量要求	粥稠滑糯，口味咸淡适宜。
灵活运用	此品种为广式风味面点，主要变化是配料和调味的不同。配料多选用动物性原料，植物性原料相对较少，如猪肉、鸡肉、鱼肉、虾肉、海鲜、果料、豆类等。口味咸甜都有，以咸为主，常见品种有鱼片粥、鸡汁粥、海鲜粥、八宝粥等。
检查评比	学生做出制品互相评比，找出不足，给出本课题的分数。
小结	通过本课题的学习，能熟练运用相关知识与操作技法完成皮蛋瘦肉粥的制作，并能灵活运用。
课后任务	完成制作虾饺的任务卡。

模块六 淀粉面团及其他类面团制品制作

教学目的和要求：
使学生了解淀粉面团的种类及特点，初步掌握其制作方法，熟练进行此类品种的制作，提高学生自学能力。

教学内容：
1. 介绍淀粉面团的概念、分类、特点、成团原理、调制过程等基本知识和制作方法。
2. 介绍果蔬面团的概念、分类、特点、调制过程等相关知识和制作方法。
3. 介绍杂粮面团、鱼虾蓉面团及其他面团的概念、特点、调制过程、原料要求、调制要领等知识和制作方法。

教学方法：
以学生自学为主，老师辅助讲授，共同完成教学任务。

相关知识：
面点技术、面点工艺学、烹调技术、成本核算、原料加工。

任务1 淀粉面团的特点、调制方法与制作实例

一、任务内容
制作虾饺。

二、知识链接
1. 淀粉面团的概念
淀粉面团是以小麦淀粉为主要原料经调制而成的面团。
2. 淀粉面团的分类及特点
（1）分类。按用料的不同，可分为单一型淀粉面团（如澄粉面团）和混合型淀粉面团（如马蹄粉面团）。
（2）特点。面团具有极好的可塑性，制品色泽洁白或呈半透明状，细腻柔软，入口爽滑，常用于制作精细点心，如广东的虾饺等。
3. 淀粉面团的成团原理
利用在一定水温的作用下，淀粉糊化产生一定黏性的黏结作用，使面团成团。故调制时，一般用沸水烫拌，成为具有一定黏性的团块。
4. 淀粉面团的调制过程
（1）淀粉面团。此类面团一般辅料较少，加水后直接调成。此外，还有藕粉面团。
1）工艺流程：澄粉＋沸水→和面（散热）→调面（加辅料）→成团。

2) 原料要求：

①澄粉要色白、干爽的小麦淀粉。

②辅料有白糖、色拉油、精盐等。

3) 用料比例：澄粉 450 g，普通生粉 50～100 g，沸水 600～700 g，糖、油、盐少许。

4) 调制要求：

①和面。采用搅和法。

②调面。采用擦面、揉面，擦透均匀。

5) 调制要领：

①水必须烧开，并掌握掺水量。

②搅拌者动作应灵敏。淀粉不得夹生。搅拌后应稍焖片刻。

③揉擦面团时必须添加少量油脂，成团后制成品前要散去热气。

(2) 马蹄粉面团。

1) 工艺流程：

①马蹄粉＋水（30％）→调匀→粉浆。

②糖＋水（70％）→调匀→熬成糖浆→冲入马蹄粉浆（总量的50％）→成厚糊状→稍冷→冲入另一半马蹄粉浆→搅拌成团。

2) 用料比例：以马蹄粉总量计，白糖为200％左右，水（包括鲜奶、橙汁等总量）为500％～600％，马蹄肉为30％左右，其他辅料适量。

3) 调制要求：

①和面。采用搅和法。

②调面。用糖浆趁热冲入，搅拌均匀。

4) 调制要领：

①掌握粉浆的掺水量。

②控制糖浆和粉浆结合的温度、比例。

③糖浆和粉浆必须拌均匀。

三、虾饺制作

1. 制作虾饺培训教学计划（见表6—1）

表6—1　　　　　　　　　　制作虾饺培训教学计划

要求	操作者应遵守操作规程，不要使用别人的刀具，更不能在现场乱挥刀具和工具，以免伤到其他操作者，应保持作业区环境卫生，养成文明的良好习惯，保持厨房内的安静，不得吐痰、乱扔杂物，注意个人卫生，勤洗澡，勤换衣服，勤剪指甲。
注意事项	1. 应对厨房设备及工具正常使用，用后清洗干净，会保养。 2. 杜绝一切违章操作和随意损坏设备工具现象。 3. 保持工作台及用具的卫生，地面无油水。 4. 按照制品操作规范使用原材料，避免过量及不足，严禁浪费行为。 5. 工具用后清洗干净，原材料无毒无害。 6. 避免对着食品打喷嚏及用手接触直接入口食品。 7. 餐用具消毒，把住病从口入关。 8. 有秩序地进行各环节制作。 9. 在工作中去卫生间时应脱换工作服，勤洗手。

续表

教学准备	1. 分组 将全班学生分组，每组指定一名负责任、成绩较好的学生任小组长。 2. 布置课前任务 (1) 教师提前一周给学生布置任务。 (2) 学生利用课外时间以小组合作的方式进行调研，完成任务卡。 (3) 教师提示学生通过以下方式进行调研： 1) 查阅相关书籍。 2) 网上查阅。 3) 亲身到酒店、食品店面食柜台咨询。
教学组织流程	1. 检查完成情况：学生课前完成任务卡。 2. 提出问题：要求学生根据调研获得的相关知识，请同学进行讲解。 3. 导入新课：老师根据学生讲解情况导入新课。 4. 学习新课：老师进行总结讲解。 5. 演示操作：教师演示，学生观摩。 6. 实习操作：学生动手完成虾饺的制作，老师进行巡回指导。 7. 检查评分：根据评分标准给学生评出本课题成绩。 8. 课后小结：根据学生完成任务情况进行小结。 9. 课后任务：完成制作香芋饺的任务卡。

课程名称	面点技术	课题名称	虾饺	授课时数	节
授课日期	年 月 日		周次	第 周	
教学班级					
教材名称	《面点技术》				
教学方法	自学与指导结合，理论与实践结合。				
教学目的	1. 掌握淀粉面团的调制方法，了解其性质、特点。 2. 正确掌握面点制作的基本操作技法。 3. 学会虾饺叠捏成形的方法。 4. 掌握熟制的技术要求。				
教学重点、难点	操作技法，馅心调制，成形和熟制技能。				

2. 制作虾饺（见表6—2）

表6—2　　　　　　　　　　　制作虾饺

设备	燃气灶具、工作台、蒸车。
工具	拍皮刀、菜刀、菜墩、碗、盘、竹筷。
坯料	澄粉 400 g，生粉 100 g，开水 650 g 左右，盐、油适量。
馅料	虾仁 500 g，笋 250 g，肥膘 100 g，精盐 15 g，熟猪油 50 g，胡椒粉 2 g，味精 10 g，麻油 5 g，生粉 5 g。

续表

工艺流程	笋、虾肉（20%）切细→烫熟 ↓ 虾肉（80%）剁蓉→调味拌和→制馅 和面→饧面→擦面→搓条→下剂→拍皮→包馅成形 煮制→装盘
原理	1. 面团性质：单一型淀粉面团（淀粉面团中的一种）。 2. 面团操作技法：和面，擦面，搓条，下剂，拍皮。 3. 馅心种类：生馅（咸馅中的一种）。 4. 成形方法：叠捏。 5. 成熟方法：蒸制。
制作过程	1. 制馅 先将20%的虾仁、肥膘、笋用开水烫熟，冷却后切成小丁，将笋切成丝（挤干水分）；再将虾仁洗净吸干水分，剁成泥蓉，放入盆内，加盐后搅打，上劲起胶；最后加熟虾仁丁、肥膘丁、笋丝及其余调料，拌均匀即成虾饺馅心。 2. 制皮 将澄粉、生粉混合后加入开水，采用搅和法和面。稍焖后，边加少量盐、油等，边采用擦面的调面方法将其调匀。搓条，切（50 g 面粉下6个剂），用拍皮制成直径7 cm 的坯皮。 3. 成形 用填入法上馅（坯、馅比例为2∶3），采用叠捏的手法捏成弯梳形。 4. 成熟 放入笼屉内用中火蒸约4 min，成熟后取出，见右图。

3. 虾饺制品质量评定（见表6—3）

表6—3　　　　　　　　　　虾饺制品质量评定

工艺要点	1. 澄面应烫熟，且软硬合适。 2. 制馅时一般不加水，否则口感不爽。 3. 蒸制时汽量适中，制品断生即可。
成品质量要求	色泽洁白，花纹清晰，皮软馅爽。
灵活运用	此品种为广式风味面点，主要变化是馅心的种类和成形的不同，如鸡粒馅、三鲜馅、百花馅、莲蓉馅、豆沙馅、枣泥馅等。成形方法多样，大致和面粉类的实性温水面团制品相同，较常用的有模具成形，如莲蓉水晶饼、水晶白兔饺、三鲜盒子等，还可用此面团来捏制各种花卉形状等。
检查评比	学生互评给出本课题的分数，并根据个人掌握的情况做出多种制品。
小结	通过本课题的学习，能熟练运用相关知识与操作技法完成虾饺的制作，并能灵活运用。
课后任务	完成制作香芋饺的任务卡。

任务2　果蔬面团的特点、调制方法与制作实例

一、任务内容

完成香芋饺的制作。

二、知识链接

1. 果蔬面团的概念

果蔬面团是指利用各种果品、蔬菜加工成的泥或汁等原料制成的面团。

2. 果蔬面团的分类及特点

(1) 按取料不同分类。

1) 果蔬泥面团。

2) 果蔬汁面团。

(2) 特点。

1) 果蔬泥面团：质地柔软、细腻，较松散，可塑性好。

2) 果蔬汁面团：在实性面团的基础上添加果蔬汁而成，具有各自面团的特色，并具有果蔬的清香味，且色泽鲜艳。

3. 果蔬面团的调制过程

(1) 果蔬泥面团。因选用的果蔬原料（面团主料）品种不同，此类面团的调制方法稍有区别，但整个工艺过程基本一致。

1) 工艺流程：果蔬原料→初加工→熟制→制泥→加粉料或粉团→加辅料→调面（混合）→成团。

2) 原料要求：

①果蔬原料：应选用质地细腻、组织松软、自然生长熟透、含水量少的根茎蔬菜及果实，如莲子、芋头、板栗、菱角、马铃薯、红薯、南瓜等。

②粉料：以澄粉、米粉为主，且一般都需要将粉料调制成团后使用。

③辅料：主要有糖、油、蛋、盐等。

3) 用料比例要求：因选用的果蔬原料不同，添加的粉料、辅料的数量比例也有区别。如选用水分含量少、质地干爽的主料，则一般比例为：熟净主料500 g，粉团（粉料加水调制的面团）100～150 g，油脂30～50 g，糖、盐等适量；如选用含水分多、质地稀软的主料，则一般比例为：熟净主料500 g，粉料1 000 g左右，油脂50～100 g，糖、盐适量。

4) 调制要求：

①初加工：将果蔬原料去皮、去壳处理，取其净肉。

②熟制：主要采用蒸的方法，蒸透蒸烂。

③制泥：要求趁热用刀面将主料压成泥蓉状。

④粉团调制：将米粉、淀粉调成实性面团。

⑤调面：采用揉面、擦面，将熟制的果蔬原料和粉团、辅料等混合均匀。

5) 调制要领：

①果蔬原料的选料要讲究，并掌握用料的比例。

②果蔬原料熟制后应趁热塌成泥蓉状。
③掌握果蔬原料和粉料、粉团的混合比例，并揉透擦匀。

(2) 果蔬汁面团。果蔬汁面团是粉料中添加果蔬汁调制而成的面团，大多属于实性面团的范畴。

1) 工艺流程：粉料＋鲜果汁＋辅料→和面→饧面→调面→成团。

2) 原料要求：

①粉料：主要为面粉、米粉、澄粉等，其中米粉和澄粉使用较多。

②果汁：为新鲜的蔬菜汁和水果汁，其中蔬菜汁有青菜汁、胡萝卜汁、番茄汁、黄瓜汁等；水果汁有凤梨汁、草莓汁、西瓜汁、橙汁等。

③辅料：主要有糖、油、蛋、乳等。

3) 用料比例：因品种不同，面团中各种成分的比例也有区别。以粉料总量计，果蔬汁为30%～50%，高的达70%；白糖为40%～50%（以水果汁调制的面团为常用）；其余原料适当。

4) 调制要求：

①鲜果汁：用榨汁机加工而成。

②和面：采用搅和法、调和法，以搅和法为主。

③饧面：根据面团的要求选择。

④调面：采用揉面、擦面、搅面等手法。

5) 调制要领：

①果蔬汁色泽要鲜艳，有诱人的香味。

②掌握面团调制后的软硬度。

③控制添加的辅料比例。

三、香芋饺制作

1. 制作香芋饺培训教学安排（见表6—4）

表6—4　　　　　　　　制作香芋饺培训教学安排

要求	操作者应遵守操作规程，不要使用别人的刀具，更不能在现场乱挥刀具和工具，以免伤到其他操作者，应保持作业区环境卫生，养成文明的良好习惯，保持厨房内的安静，不得吐痰、乱扔杂物，注意个人卫生，勤洗澡，勤换衣服，勤剪指甲。
注意事项	1. 应对厨房设备及工具正常使用，用后清洗干净，会保养。 2. 杜绝一切违章操作和随意损坏设备工具的现象。 3. 保持工作台及用具的卫生，地面无油水。 4. 按照制品操作规范使用原材料，避免过量及不足，严禁浪费行为。 5. 工具用后清洗干净，原材料无毒无害。 6. 避免对着食品打喷嚏及用手接触直接入口食品。 7. 餐用具消毒，把住病从口入关。 8. 有秩序地进行各环节制作。 9. 在工作中去卫生间时应脱换工作服，勤洗手。

续表

教学准备	1. 分组 将全班学生分组，每组指定一名负责任、成绩较好的同学任小组长。 2. 布置课前任务 (1) 教师提前一周给学生布置任务。 (2) 学生利用课外时间以小组合作的方式进行调研，完成任务卡。 (3) 教师提示学生通过以下方式进行调研： 1) 查阅相关书籍。 2) 网上查阅。 3) 亲身到酒店、食品店面食柜台咨询。
教学组织流程	1. 检查完成情况：学生课前完成任务卡。 2. 提出问题：要求学生根据调研获得的相关知识，请同学进行讲解。 3. 导入新课：老师根据学生讲解情况导入新课。 4. 学习新课：老师进行总结讲解。 5. 演示操作：教师演示，学生观摩。 6. 实习操作：学生动手完成香芋饺的制作，老师进行巡回指导。 7. 检查评分：根据评分标准给学生评出本课题成绩。 8. 课后小结：根据学生完成任务情况进行小结。 9. 课后任务：完成制作小窝头的任务卡。

课程名称	面点技术	课题名称	香芋饺	授课时数	节
授课日期	年 月 日		周次		第 周
教学班级					
教材名称	《面点技术》				
教学方法	自学与指导结合，理论与实践结合。				
教学目的	1. 掌握果蔬面团的调制方法，了解其性质、特点。 2. 正确掌握面点制作的基本操作技法。 3. 学会熟馅的调制方法。 4. 掌握熟制的技术要求。				
教学重点、难点	操作技法，馅心调制，成形和熟制技能。				

2. 制作香芋饺（见表6—5）

表6—5　　　　　　制作香芋饺

设备	燃气灶具、工作台、炸锅。
工具	菜刀、菜墩、碗、盘、竹筷。
坯料	荔浦芋头肉500 g，澄粉80 g，熟猪油50 g，白糖15 g，盐10 g，香油2 g，胡椒粉2 g。
馅料	鸡脯肉200 g，净冬笋100 g，水发香菇60 g，精盐5 g，酱油15 g，绍兴酒10 g，味精5 g，麻油5 g，葱姜末、淀粉、麻油等适量。
工艺流程	鸡肉、笋肉香菇切碎→炒熟调味 　　　粉烫熟　　　　　制馅心 芋头肉片蒸熟→制泥→调味→下剂→拍皮→包馅成形 　　　　　　　　　　　　　煮制→装盘

原理	1. 面团性质：单一型淀粉面团（淀粉面团中的一种）。 2. 面团操作技法：制泥，搓条，下剂，捏皮。 3. 馅心种类：熟咸馅（咸馅中的一种）。 4. 成形方法：捏。 5. 成熟方法：炸制。
制作过程	1. 制馅 先将鸡肉、笋肉、香菇切成颗粒，再将鸡肉粒上浆划油后放入笋粒、香菇粒同炒，加入调味料后勾芡起锅，最后拌入麻油即成细粒熟馅。 2. 制坯 将芋头肉切成片，蒸熟，塌成泥蓉；另将澄粉加开水（1∶1.4）调成澄面；再将芋头泥和澄面一同混合，采用擦面的调面方法，并逐渐加入调味料；最后将面团调匀，搓条，切剂（50 g 芋泥下 3～4 个剂），用捏皮制成内凹圆皮。 3. 成形 用填入法上馅（坯、馅比例为 2∶1），包成形封口后，捏成橄榄形。 4. 成熟 将生坯放入漏勺内，采用炸（油温 160～170℃）的熟制法，炸至金黄色，成熟后捞出，见右图。

3. 香芋饺制品质量评定（见表6—6）

表6—6　　　　　　　　　　香芋饺制品质量评定

工艺要点	1. 要选用粉制的芋头。如粉制不好，可减少澄面的量，并增加猪油的用量。 2. 面团调制时，一般调匀即可，多调则成品不酥松。 3. 成形前可将坯料试炸一下，观察其表面的变化情况，以便调整油温及用料的比例。
成品质量要求	色泽金黄，形如蜂巢，口感酥松。
灵活运用	此品种为广式风味面点，属于果蔬泥类面团制品与澄面、调料和糯米粉等混合而调成坯料，制成不同的制品，如南瓜饼，主要变化是原料的种类，常见的有熟莲子泥、熟山药泥、熟土豆泥、熟栗子泥、熟南瓜泥等。
检查评比	学生互评给出本课题的分数，并根据个人掌握情况做出多种制品。
小结	通过本课题的学习，能熟练运用相关知识与操作技法完成果蔬泥类制品，并能灵活运用。
课后任务	完成制作小窝头的任务卡。

任务3 杂粮面团、鱼虾蓉面团等的特点、调制方法与制作实例

一、任务内容
完成小窝头及鱼皮鸡粒饺的制作。

二、知识链接
1. 杂粮面团

将小米、玉米、高粱、豆类等磨成粉，或直接加水调成面团，或和面粉、米粉、淀粉等掺和，加水调制成团。杂粮面团的制品种类很多，可做成各种小食品和点心，如京式面点的黄米炸糕、小窝头、豌豆黄、芸豆卷等。

(1) 调制过程。

工艺流程：杂粮原料初加工＋粉料＋辅料＋水→调面→成团。

(2) 原料要求：

1) 杂粮原料：主要有小米、玉米、高粱、豆类等，作为粗粮，具有不同风味。

2) 粉料：有面粉、米粉、澄粉等，但一般添加的数量不多。

3) 辅料：主要有糖、油、蛋、乳及盐等。

4) 用料比例：视具体品种而定。一般要求突出主料，加水量较少，面团较干硬。

(3) 调制要求：

1) 初加工：主要是将杂粮原料加工成粉料，或直接熟制后捣成泥。

2) 和面：一般以调和法、拌和法为主。

3) 调面：以揉面、擦面为主。

(4) 调制要领：

1) 杂粮原料必须磨成细粉或煮熟捣烂。

2) 投料比例必须恰当。

2. 鱼虾蓉面团

鱼虾蓉面团是将净鱼或净虾的肉剁碎成蓉后，与其他调料、辅料一起调制而成的面团，在广式面点中用得最多，主要有鱼蓉面团和虾蓉面团两种。其特点是面团洁白润滑，成品坯料鲜香润滑，具有特殊风味。

(1) 调制过程。

工艺流程：鱼（虾）肉剁蓉＋水＋盐、味精等→搅拌→加生粉→调面→成团。

(2) 原料要求：

1) 鱼（虾）的肉：要用新鲜、无腥味、涨发性大的。

2) 生粉：一般为澄粉。

3) 用料比例：鱼蓉面团为鲮鱼肉 500 g，鸡蛋 450 g，白糖 100 g，盐 10 g，麻油 5 g，胡椒粉 0.5 g。

(3) 调制要求：

1) 搅拌：将鱼（虾）肉先加工成泥蓉后，加水和盐等一起搅打（顺同一方向）至上劲起胶。

2) 调面:加入粉料,采用搅面的方法成团。
(4) 调制要领:
1) 用料比例及投料顺序要严格掌握。
2) 鱼(虾)肉要新鲜,蓉要剁烂,并注意卫生。
3) 搅打要顺一个方向,注意用力和速度。

3. 其他类面团

其他类面团指用果料、冻粉及糖、乳、色素等为原料调制的坯料,制成的各种具有特色风味的面点小吃食品。此类面团种类也较多,各地均有不同的特色,具有时令性和季节性,如杏仁豆腐、西瓜酪、冻糕等,为夏季品种,风味别致。因具体品种使用的原料不同,制法也各有区别。现介绍杏仁豆腐的两种制法。

(1) 工艺流程:

1) 琼脂(涨发)+水→烧化后加奶、杏仁汁→煮沸→装盘晾凉→进冰箱凝结→改刀成小块→加糖浆。

2) 杏仁+糯米+水→磨细浆→过滤去渣+琼脂→烧开→晾凉→进冰箱凝结→改刀成小块→加糖浆。

(2) 用料比例:

1) 对于第一种工艺流程,比例为:杏仁 25 g,糖浆 500 g,琼脂 15 g,牛奶 10 g。
2) 对于第二种工艺流程,比例为:杏仁 40 g,糖浆 500 g,糯米 500 g,琼脂 15 g。

(3) 调制要领:

1) 杏仁必须出渣。
2) 琼脂投入量必须恰当,少则豆腐质地太嫩,不易定型,多则豆腐太老。

三、制作实例

1. 小窝头的制作
(1) 制作小窝头培训教学安排(见表 6—7)

表 6—7　　　　　　　　　　制作小窝头培训教学安排

要求	操作者应遵守操作规程,不要使用别人的刀具,更不能在现场乱挥刀具和工具,以免伤到其他操作者,应保持作业区环境卫生,养成文明的良好习惯,保持厨房内的安静,不得吐痰、乱扔杂物,注意个人卫生,勤洗澡,勤换衣服,勤剪指甲。
注意事项	1. 应对厨房设备及工具正常使用,用后清洗干净,会保养。 2. 杜绝一切违章操作和随意损坏设备工具现象。 3. 保持工作台及用具的卫生,地面无油水。 4. 按照制品操作规范使用原材料,避免过量及不足,严禁浪费行为。 5. 工具用后清洗干净,原材料无毒无害。 6. 避免对着食品打喷嚏及用手接触直接入口食品。 7. 餐用具消毒,把住病从口入关。 8. 有秩序地进行各环节制作。 9. 在工作中去卫生间时应脱换工作服,勤洗手。

续表

教学准备	1. 分组 将全班学生分组，每组指定一名成绩较好的学生担任小组长。 2. 布置课前任务 (1) 教师提前一周给学生布置任务。 (2) 学生利用课外时间以小组合作的方式进行调研，完成任务卡。 (3) 教师提示学生通过以下方式进行调研： 1) 查阅相关书籍。 2) 网上查阅。 3) 亲身到酒店、食品店面食柜台咨询。
教学组织流程	1. 检查完成情况：学生课前完成任务卡。 2. 提出问题：要求学生根据调研获得的相关知识，请同学进行讲解。 3. 导入新课：老师根据学生讲解情况导入新课。 4. 学习新课：老师进行总结讲解。 5. 演示操作：教师演示，学生观摩。 6. 实习操作：学生动手完成小窝头的制作，老师进行巡回指导。 7. 检查评分：根据评分标准给学生评出本课题成绩。 8. 课后小结：根据学生完成任务情况进行小结。 9. 课后任务：完成制作鱼皮鸡粒饺的任务卡。

课程名称	面点技术	课题名称	小窝头	授课时数	节
授课日期	年 月 日		周次		第 周
教学班级					
教材名称	《面点技术》				
教学方法	自学与指导结合，理论与实践结合。				
教学目的	1. 掌握杂粮类面团的调制方法，了解其性质、特点。 2. 正确掌握面点制作的基本操作技法。 3. 学会调制杂粮粉面团方法。 4. 掌握熟制的技术要求。				
教学重点、难点	制坯调制方法，成形技能，熟制技能。				

(2) 制作小窝头（见表6—8）

表6—8　　　　　　　　　　制作小窝头

设备	蒸车、工作台。
工具	面盆、竹筷。
坯料	细玉米粉400 g，温水150 g，糖桂花10 g，白糖250 g，黄豆粉100 g。
工艺流程	和面→揉面→捣面→搓条→揪剂→搓球→成形 　　　　　　　　　　　　　　　　↓ 　　　　　　　　　　　　　　蒸制→装盘

续表

原理	1. 面团性质：实性面团（杂粮类面团中的一种）。 2. 面团操作技法：和面，揉面，搓条，下剂，制皮。 3. 成熟方法：蒸制。
制作过程	1. 制坯 将玉米粉、黄豆粉、白糖、糖桂花混合后加水，采用拌和法和面，采用揉面、揣面的调面方法将面团调匀。搓条后揪剂（50 g 面粉下 8 个剂子），即成坯剂。 2. 成形 取一个坯剂放在手掌心，用另一手手指揉捻至坯剂柔软，再用双手将其对搓成球形；一手指蘸点水，在球中间钻一小洞，边钻边转动坯剂，使洞口由小变大，由浅到深，最后捏成底部厚度约为 0.4 cm、顶部为尖形、外表光洁的塔形生坯。 3. 成熟 生坯放入笼屉中，用旺火蒸 10 min 左右，成熟后取出，见右图。 

（3）小窝头制品质量评定（见表 6—9）

表 6—9　　　　　　　　　　小窝头制品质量评定

工艺要点	1. 玉米粉要新鲜、细腻，有香味。 2. 调制的面团软硬合适，柔软不散。 3. 成形时两手配合默契。 4. 用旺火蒸制。
成品质量要求	色泽金黄，形如宝塔，味道细腻香甜。
灵活运用	此品种为京式风味面点，属于杂粮面团的代表品种。目前主要的加工方法是杂粮和面粉、米粉等掺和，制成实性和发酵、各式馒头等，别有风味。
检查评比	学生可选用杂粮和不同的粉掺和制作制品，做出制品互相评比，找出不足，给出本课题的分数。
小结	通过本课题的学习，能熟练运用相关知识与操作技法完成小窝头等杂粮制品的制作，并能灵活运用。
课后任务	完成制作鱼皮鸡粒饺的任务卡。

2. 鱼皮鸡粒饺的制作

（1）制作鱼皮鸡粒饺培训教学计划（见表 6—10）

表 6—10　　　　　　　　　　制作鱼皮鸡粒饺培训教学计划

要求	操作者应遵守操作规程，不要使用别人的刀具，更不能在现场乱挥刀具和工具，以免伤到其他操作者，应保持作业区环境卫生，养成文明的良好习惯，保持厨房内的安静，不得吐痰、乱扔杂物，注意个人卫生，勤洗澡，勤换衣服，勤剪指甲。

续表

注意事项	1. 应对厨房设备及工具正常使用，用后清洗干净，会保养。 2. 杜绝一切违章操作和随意损坏设备工具现象。 3. 保持工作台及用具的卫生，地面无油水。 4. 按照制品操作规范使用原材料，避免过量及不足，严禁浪费行为。 5. 工具用后清洗干净，原材料无毒无害。 6. 避免对着食品打喷嚏及用手接触直接入口食品。 7. 餐用具消毒，把住病从口入关。 8. 有秩序地进行各环节制作。 9. 在工作中去卫生间时应脱换工作服，勤洗手。
教学准备	1. 分组 将全班学生分组，每组指定一名成绩较好的学生担任小组长。 2. 布置课前任务 (1) 教师提前一周给学生布置任务。 (2) 学生利用课外时间以小组合作的方式进行调研，完成任务卡。 (3) 教师提示学生通过以下方式进行调研： 1) 查阅相关书籍。 2) 网上查阅。 3) 亲身到酒店、食品店面食柜台咨询。
教学组织流程	1. 检查完成情况：学生课前完成任务卡。 2. 提出问题：要求学生根据调研获得的相关知识，请同学进行讲解。 3. 导入新课：老师根据学生讲解情况导入新课。 4. 学习新课：老师进行总结讲解。 5. 演示操作：教师演示，学生观摩。 6. 实习操作：学生动手完成鱼皮鸡粒饺的制作，老师进行巡回指导。 7. 检查评分：根据评分标准给学生评出本课题成绩。 8. 课后小结：根据学生完成任务情况进行小结。 9. 课后任务：准备综合制品的展示。

课程名称	面点技术	课题名称	鱼皮鸡粒饺	授课时数	节
授课日期	年　月　日		周次		第　　周
教学班级					
教材名称	《面点技术》				
教学方法	自学与指导结合，理论与实践结合。				
教学目的	1. 掌握杂粮类面团的调制方法，了解其性质、特点。 2. 正确掌握面点制作的基本操作技法。 3. 学会调制鱼虾蓉类面团方法。 4. 掌握熟制的技术要求。				
教学重点、难点	制坯调制方法，成形技能，熟制技能。				

(2) 制作鱼皮鸡粒饺（见表 6—11）

表 6—11　　　　　　　　　　　制作鱼皮鸡粒饺

设备	蒸车、工作台。
工具	面盆、竹筷、面杖。
坯料	鱼蓉面团，去皮鱼肉（鲈鱼、鳜鱼等）100 g，盐 3 g，生粉 100 g。
工艺流程	鱼肉剁蓉→加盐和水→搅起胶→加生粉成团 ↓ 拉剂搓球→制皮→成形 ↑　　　　↓ 制馅　蒸制→装盘
原理	1. 面团性质：鱼虾蓉类面团。 2. 面团操作技法：制面团，搓球，拉剂，制皮。 3. 成熟方法：蒸制。
制作过程	1. 制馅 细粒熟馅的制作见香芋饺。 2. 制坯 将鱼肉剁成泥，放入适量清水和盐，搅打至上劲起胶后，放入生粉，拌匀成鱼蓉面团，用拉剂（50 g 鱼蓉下 4 个），搓成球形放入生粉中，用面杖敲打，成直径为 8～10 cm 的圆皮。 3. 成形 采用填入法上馅（坯、馅比例为 1∶1），坯皮对折合成，捏封口成饺子形。 4. 熟制 将生坯放入笼屉中，采用中火蒸制 4～5 min，成熟后取出。

(3) 鱼皮鸡粒饺制品质量评定（见表 6—12）

表 6—12　　　　　　　　　　　鱼皮鸡粒饺质量评定

工艺要点	1. 鱼肉要新鲜，搅打鱼蓉要用劲，加水量不宜多。 2. 制皮时应轻轻敲擀，生粉量适宜。 3. 封口要牢，蒸制时间不宜过长。
成品质量要求	皮薄透明，味香鲜嫩。
灵活运用	此品种为特色面点，和菜肴的制作方法十分相似。除鱼肉外，也可用于制作虾肉，其坯料调制过程相同，主要变化是馅的种类不同，一般以熟馅为主，均为咸馅。
检查评比	学生可选用虾或鱼做皮和不同馅心制作制品，做出制品互相评比，找出不足，给出本课题的分数。
小结	通过本课题的学习，能熟练运用相关知识与操作技法完成鱼虾蓉面团制品的制作，并能灵活运用。
课后任务	讨论研究综合制品的展示。